科学新导向丛书

惊天能量：
可怕的蘑菇云

姜忠喆◎编著

成都时代出版社

图书在版编目(CIP)数据

惊天能量:可怕的蘑菇云/姜忠喆编著. 一成都
:成都时代出版社，2013.8(2018.8 重印)
(科学新导向丛书)
ISBN 978－7－5464－0912－2

Ⅰ. ①惊…　Ⅱ. ①姜…　Ⅲ. ①核能－青年读物②核能
－少儿读物　Ⅳ. ①TL－49

中国版本图书馆 CIP 数据核字(2013)第 140156 号

惊天能量:可怕的蘑菇云
JINGTIANNENGLIANG:KEPA DE MOGUYUN
姜忠喆　编著

出 品 人　石碧川
责任编辑　于永玉
责任校对　李卫平
装帧设计　映象视觉
责任印制　唐莹莹

出版发行　成都时代出版社
电　　话　(028)86621237(编辑部)
　　　　　(028)86615250(发行部)
网　　址　www.chengdusd.com
印　　刷　北京一鑫印务有限责任公司
规　　格　690mm×960mm　1/16
印　　张　14
字　　数　230 千
版　　次　2013 年 8 月第 1 版
印　　次　2018 年 8 月第 2 次印刷
书　　号　ISBN 978－7－5464－0912－2
定　　价　29.80 元

前　言

提起"科学"，不少人可能会认为它是科学家的专利，普通人只能"可望而不可即"。其实，科学并不高深莫测，科学早已渗入进我们的日常生活，并无时无刻不在影响和改变着我们的生活。无论是仰望星空、俯视大地，还是近观我们周围事物，都处处可以发现有科学之原理蕴于其中。即使是一些司空见惯的现象，其中也往往蕴涵深奥的科学知识。科学史上的许多大发明大发现，也都是从微不足道的小现象中生发而来：牛顿从苹果落地撩起万有引力的神秘面纱；魏格纳从墙上地图揭示海陆分布的形成；阿基米德从洗澡时的溢水现象中获得了研究浮力与密度问题的启发；瓦特从烧开水的水壶冒出的白雾中获得了改进蒸汽机性能的想法；而大名鼎鼎的科学家伽利略观察吊灯的晃动，从而发现了钟摆的等时性……所以说，科学就在你我身边。一位哲人曾说："我们身边并不是缺少创新的事物，而是缺少发现可创新的眼睛。"只要我们具备了一双"慧眼"，就会发现在我们的生活中科学无处不在。然而，在课堂上，在书本上，科学不时被一大堆公式和符号所掩盖，难免让人觉得枯燥和乏味，科学的光芒被掩盖，有趣的科学失去了它应有的魅力。常言道，兴趣是最好的老师，只有培养起同学们对科学的兴趣，才能激发他们探索未知科学世界的热忱和勇气。

科学是人类进步的第一推动力，而科学知识的普及则是实现这一推动力的必由之路。在新的时代，社会的进步、科技的发展、人们生活水平的不断提高，为青少年的科普教育提供了新的契机。抓住这个契机，大力普及科学知识，传播科学精神，提高青少年的科学素质，是全社会的重要课题。

《科学新导向丛书》内容包括浩瀚无涯的宇宙、多姿多彩的地球奥秘、日新月异的交通工具、稀奇古怪的生物世界、惊世震俗的科学技术、源远流长的建筑文化、威力惊人的军事武器……丛书将带领我们一起领略人类惊人的智慧，走进异彩纷呈的科学世界！

丛书采用通俗易懂的文字来表述科学，用精美逼真的图片来阐述原理，介绍大家最想知道的、最需要知道的科学知识。这套丛书理念先进，内容设计安排合理，读来引人入胜、诱人深思，尤其能培养青少年科学探索的兴趣和科学探索能力，甚至在培养人文素质方面也是极为难得的课外读物。

《惊天能量：可怕的蘑菇云》介绍了新型核能技术的相关知识，对世界核能发展的历史进行了系统的介绍，详细描述了核能发展的道路——既漫长又曲折，时而进退维谷，时而险象环生，时而突飞猛进。展示了核能作为清洁能源、充足能源、环保能源的广阔前景。

阅读本丛书，你会发现原来有趣的科学原理就在我们的身边！

阅读本丛书，你会发现学习科学、汲取知识原来也可以这样轻松！

今天，人类已经进入了新的知识经济时代。青少年朋友是 21 世纪的栋梁，是国家的未来、民族的希望，学好科学知识是时代赋予我们的神圣使命。我们希望这套丛书能够激发同学们学习科学的兴趣，消除对科学冷漠疏离的态度，树立起正确的科学观，为学好科学、用好科学打下坚实的基础！

目　　录

第一章　核能一瞥

第二章　核能利用的发展与展望

第一章

核能一瞥

核能的概念

说到核能，人们会自然而然地想到广岛和长崎上空的蘑菇云。这是两颗原子弹展示出来的核能的可怕力量。其实，如果善加利用，核能可以造福人类。核能的发现和应用是人类近代最重要的发现之一。在这以前的漫长岁月中，尽管人类对原子有过粗浅的认识，但是没有人知晓核能的存在，核能也一直在沉睡。直到近代，核能才被人类发现并进入到人类的生活之中，也在一定程度上改变了人类社会的命运。

核能，在给人们带来源源不断的清洁能源的同时，也为人类"贡献"了原子弹等核武器，给人类安全带来巨大的威胁。但是，这并不是核能的过错，如果能使核能掌握在爱好和平的人们的手中，实现核能的和平利用，为人类谋福利，人类的明天就会更加美好。

我们知道，宇宙中所有的物质，包括动物、植物、岩石、水和我们的身体，都是由微小的颗粒——原子——所组成的。它们是那样的微小，甚至使用高倍数的光学显微镜也无法看见。每种物质都包含着数以亿计的原子。可以说，宇宙中所有的物体都是由原子组成的。

原子由原子核和原子核外的电子组成，原子核又由质子和中子两种最主要的"基本粒子"构成。如果拿原子和小孩玩的玻璃球比较，就好像拿玻璃球与月亮相比一样。原子很小，原子核则更小，如果把原子比作一个足球场那么大，原子核则只相当于放在足球场正中央的一粒细沙。由于核内存在核力，带正电荷的质子不会受静电的影响而飞散，核力把核子凝聚成原子核。一般来说，在核力的作用下，大多数元素是稳定的，但在某些重原子核中，由于核力的控制能力弱，元素难以稳定，转成其他原子。铀就是这样：铀核是自然界中最大的核家族，核内质子数多，自身不稳定，倾向于分裂。铀核在分裂（即裂变）过程中能够释放出巨大能量。

核能是"原子核能"的简称，人们习惯上又称之为"原子能"。其实，原子核能是原子核裂变产生的能量，并非是原子分裂产生的能量。在天然放射性现象被发现后，人们就意识到原子核内蕴藏着巨大能量，但一直没有找到开发利用的途径。20 世纪 30 年代末，科学家发现，用中子轰击铀原子核，一个入射中子能使一个铀核分裂成两块具有中等质量数的碎片，同时释放出大量能量和两三个中子；这两三个中子又能引起其他铀核分裂，产生更多的中子，分裂更多的铀核。这样形成的自持链式反应可在瞬间把铀核全部分裂，释放出巨大的能量。据测定，一个铀核在分裂过程中释放的裂变能是一个碳原子释放的化学能的 5000 万倍。一个铀 - 235 核分裂变产生的能量为两亿电子伏特，也就是说，只有火柴盒大小的 1 千克铀释放出来的能量就相当于2500 吨标准煤蕴藏的能量。

另一种核反应是轻核的聚变，也就是两个轻原子核（如氢的同位素氘）聚合成为一个较重的核，从而释放出巨大的能量。理论和实践都已经证明，轻核聚变释放的能量远远大于重核裂变释放出的能量。1 千克氘聚变时放出的能量相当于 1 万吨标准煤蕴藏的能量。一个碳原子燃烧生成一个二氧化碳分子释放出的化学能仅为 4.1 电子伏特，以相同质量的反应物的释放能量大小作比较，核裂变能和核聚变能分别是化学能的 250 万倍和 1000 万倍。

核能问世之后，首先被应用到了军事领域，如原子弹和核潜艇等。和平利用核能的主要途径就是利用核能发电。今天，核能已经走入我们的生活，人类已经在利用核能所发的电力了。在一些国家，核能成为主要的电力能源。在法国，核电甚至占到 75% 以上。

核能不仅是一种高效经济的能源，而且也是一种清洁、安全的能源。核电站在任何情况下都不会发生核爆炸。核燃料虽然被称为"燃料"，却并不能燃烧。它既不消耗氧气，又不产生二氧化碳等有害物质。虽然核电站反应堆内存在大量的放射性物质，但是现代核电站的设计采用多重保护、多道屏障、纵深设防，可以有效地防止放射性事故的发生。

核能不仅可以用来发电，还可以用于供热，也可以作为火箭、宇宙飞船、人造卫星等的动力能源。由于核动力不需要空气助燃，因此还可以作为地下、水中和太空缺乏空气环境下的特殊动力——它将是人类开发海底资源的理想动力。

核能的显著特点

与任何事物一样，核能也有其显著特点。我们了解核能，就有必要先了解核能的特点。我们首先来看核能的优点：

第一，在目前所有的能源形式中，核能能量密集，功率最高。这一特点决定了它的运输量小，可以减缓交通运输压力。

第二，在能量储存方面，核能比太阳能、风能等其他新能源更容易储存。核燃料的储存占用空间有限，比烧重油或烧煤设备节省场地。

第三，核能比较清洁，不会产生二氧化碳。世界上大量有机燃料燃烧后排出的二氧化硫、二氧化碳、氧化亚氮等气体不仅直接危害人体健康和农作物生长，还导致酸雨和大气层的"温室效应"，使地球变暖，破坏生态平衡。

比较起来，核电站没有这些危害。我们面临的情况是，既要发展经济，又要保护环境，减少温室气体排放。从这一点出发，发展核能几乎被认为是唯一途径。

第四，核电比火电"经济"。电厂每度电的成本是由建造折旧费、燃料费和运行费这三部分组成的，主要是建造折旧费和燃料费。核电厂由于特别重视安全和质量，建造费高于火电厂，一般要高出 30% ~ 50%，但燃料费则比火电厂低得多。据测算，火电厂的燃料费约占发电成本的 40% ~ 60%，而核电厂的燃料费则只占 20% ~ 30%。实践证明，核电厂的发电成本要比火电厂低 15% ~ 50%。在美、法等国，核电价格已经具备很强的竞争力。核电经济性还表现在发电成本非常稳定，对燃料价格波动不敏感。因此，核电能够平抑能源价格波动，保障能源供应安全。

核能存在优点的同时，也有一些不足，其不足主要表现在以下方面：

第一，核电厂会产生高低阶放射性废料或者是使用过的核燃料，虽然所占空间不大，但因具有放射线，必须妥善处理。

第二，核电厂热效率较低，比一般化石燃料电厂向环境排放更多的废热，因此存在比较严重的热污染。

第三，核电厂投资成本太大，电力公司的财务风险较高。

最后，核电厂的反应器内有大量的放射性物质，如果发生事故，释放到外界环境中，会危害周边生态环境及居民健康。

原子观点的起源和发展

我们生活的世界是一个不同物质组成的世界。那么，物质又是由什么构成的呢？我们的祖先曾经对这个问题进行过深刻的思索：

春秋时期墨家的代表人物墨翟曾提出过物质微粒说，他把构成物质的微粒称为"端"——"端"就是最小的不能再被分割的质点。

战国时期道家学派的代表人物庄周却认为，物质是无限可分的。然而，这只是一种猜测，他并没有提出分割物质的具体方法。尽管如此，在那个年代，能够有这种思想，已经很难得了。

古希腊哲学家留基伯首先提出了物质构成的原子学说，认为原子是最小的、不可分割的物质粒子。原子之间存在着虚空，无数原子自古以来就存在于虚空之中。它们既无法创生，也不能毁灭，而是在无限的虚空中不停地运动着，构成世间万物。

古希腊伟大的唯物主义哲学家德谟克利特继承和发展了留基伯的原子论。他认为，万物的本原是原子和虚空。原子是不可再分的物质微粒，虚空是原子运动的场所。宇宙空间中除了原子和虚空之外什么都没有，原子一直存在于宇宙之中，它们不能被从无中创生，也不能被消灭，任何变化都是它们引起的结合和分离。

实际上，古代的原子论并不是科学理论，而只不过是一种哲学上的推测。

后来，古罗马的原子论者卢克莱修（公元前99～前55年）系统地阐述和发挥了古希腊后期原子论学说的代表人物伊壁鸠鲁（公

墨翟

英国化学家道尔顿

元前 341 年 ~ 前 270 年）的学说。他写的长诗《物性论》是古代原子论哲学的顶峰。

卢克莱修认为，世界是由原子组成的，是无限的，始终处于不断的发展变化之中。虽然卢克莱修的原子学说仍然来自于猜测，但对后代物质来源的研究起了一定的指导作用。

由此可见，古代的原子论者的基本观点是：一切物质都由最小粒子的原子组成，原子是客观的、物质性的存在，原子是不可分割的，它是永恒地运动着的。那么，原子是不是真的存在呢？物质是不是真的由原子构成的呢？一种原子能不能转化为另一种原子呢？人类为了探索这些问题，经过了极其漫长的岁月。

虽然古人非常想揭开物质结构的奥秘，但限于当时的科技水平，他们只能靠想象和思索探求。尽管原子说是一种特别深刻的见解，但它只是哲学上的猜想，当时科学技术水平还没有达到相应的高度，还没有条件用精密的实验来证实。

后来，在整个漫长的封建时代，没有人去证实德谟克利特的原子学说。直到 18 世纪中叶，罗蒙诺索夫才把原子观点复活起来。他的科学宇宙观的基础是微粒哲学。他认为微粒（分子）是由极小的粒子元素（原子）组成的。他创立了物质结构的原子 – 分子学说，认为微粒（分子）由极小的粒子——（原子）所组成，如果物质是由同一种粒子组成的，它便是单质；如果物质是由几种不同粒子组成的，它便是化合物。物质的性质并不是偶然形成的，它取决于组成物体微粒的性质。这个时代的原子论的基本内容是：a. 原子是组成物质的最小微粒，原子是不能再分的最小的微粒；b. 同种的原子在重量、大小以及其他性质上都相同；c. 一切原子时刻都处在不停运动的状态。

18 ~ 19 世纪是原子学说的创立和发展阶段，人们用原子学说解释了许多物理、化学现象。到了 18 世纪后期，随着科学的进一步发展，人们相继发现了许多新的现象，这时，原来的原子学说已经无法解释这些现象，因此暴露出严重的缺陷。英国化学家道尔顿从 1808 年起就对旧的原子学说进一步加以总结并不断完善，最终提出了原子论，创立了新的原子学说。其要点是：a. 化学元素由原子构成，原子是不可分的微粒，它在一切化学变化中是不可再分的最小单位；b. 同种元素的原子性质和质量都相同，不同元素原子的性质和质量不同，原子质量是元素的基本特征之一；c. 不同元素化合时，原子以简单基数比结合。恩格斯指出，化学新时代是从原子论开始的，因此道尔顿应是近代化学之父。

法国著名化学家和物理学家盖·吕萨克发现了气体化合体积定律。他的原子－分子学说认为：a. 物质是由分子组成的，分子是保留原物质性质的微粒；b. 分子是由原子组成的，原子则是用化学方法不能再分割的最小粒子，原子已失去了原物质的性质。盖·吕萨克的原子－分子学说发展了以前的原子学说。过去，在原子和宏观物质之间缺少过渡，要从原子推论各种物质的性质是相当困难的。这个原子－分子学说的出现，在物质结构中发现了分子、原子这样不同的层次。这时可以说，人们对于物质构成问题的认识，已经前所未有地接近物质的本来面目了。

布朗运动

1826 年，英国植物学家布朗首先用显微镜发现了悬浮微粒不停地做无规则运动的现象，这就是"布朗运动"。那么，布朗运动是怎样产生的呢？在显微镜下看上去连成一片的液体，实际上是由很多分子组成的。液体分子永不停息地做着无规则的运动。当悬浮在液体表面的微粒足够小时，就会受到来自各个不同方向的液体分子的撞击，但是这种撞击作用是不平衡的。在某一瞬间，微粒在某一个方向受到的撞击作用比较强烈，致使微粒又向其他方向运动。这样，就导致了微粒无规则的布朗运动。

　　布朗运动被发现之后，人们经过大半个世纪的研究，对它的认识才逐渐接近正确。20 世纪初，先是爱因斯坦和斯莫卢霍夫斯基的理论，接下来是贝兰和斯维德伯格的实验，使这一重大的科学问题得到了圆满解决，并首次测定了阿伏伽德罗常数。这就为分子的真实存在提供了一个令人信服的、直观的证据，对基础科学和哲学都有着重大的意义。从此以后，科学上关于原子和分子真实性的争论彻底结束了。

　　世界上存在原子，那么，原子到底是什么样的？长期以来，人们都希望一睹原子的真面目。1955 年，宾州州立大学的一位物理学教授和他的博士生第一次通过场离子显微镜得到了单个原子的成像。他们使用相对简单和廉价的方法，直接观察到了单个钨原子。1970 年，又有一位美国科学家宣布说，他借助扫描电子显微镜第一次观察到了单个的铀和钍的原子。从此，原子的"尊容"被人们所认识。

化学元素的分类

我们都非常熟悉化学元素周期表，它出现在教材、字典、词典等不同媒体上，全面地记载了目前所知的所有的化学元素。但是，最开始的时候并没有化学元素周期表，化学元素也没有系统性，比较杂乱。1865 年，英国化学家纽兰兹根据德国化学家迈耶制定的"六元素表"，按原子量（相对原子质量，下同）递增顺序，将已知的元素作了排列。他惊奇地发现，到了第八个元素就与第一个元素性质相似，也就是说，元素的排列每逢八就出现周期性。

纽兰兹就这样把各种化学元素按照原子量递增的顺序排列起来，形成若干族系和周期。纽兰兹从小受母亲的影响，爱好音乐，他觉得元素的排列规律就好像音乐上的八个音阶一样重复出现，于是就把化学元素的这一规律称为"八音律"。纽兰兹把他的发现写成论文，并在英国化学学会上作了介绍。但是，他除了引起众人的嘲笑以外，一无所获。英国化学学会拒绝发表他的论文；一位物理学家嘲笑他说，如果把各种元素按着开头字母的顺序排列起来，也可能得到什么规律。但是，后来门捷列夫和迈尔的化学元素周期律得到承认，并且二人同时获得戴维科学奖。在这种情况下，英国皇家学会才颁发给纽兰兹一枚戴维奖章。

1860 年，俄国化学家门捷列夫准备编写《化学原理》一书，但无机化学缺少系统性，比较混乱，使他感到困惑。于是，他决心对无机化学进行整理。他开始搜集前人在实践中所取得的成果，把每一个已知元素的性质资料和有关数据都收集在一起。他在前人研究成果的基础上，发现一些元素除了具有特

俄国化学家门捷列夫

性之外，还有共性。例如：已知卤族元素的氟、碘、溴、氯性质相似；碱金属元素锂、钾、钠暴露在空气中时，很快就会被氧化，因此都只能以化合物的形式存在于自然界中；有的金属能长久保持在空气中而不被腐蚀，例如金、银、铜等。

于是，门捷列夫开始尝试排列这些元素：他准备了许多长方形的纸板卡片，在每一块长方形纸板上写上了元素符号、原子量、元素性质及其化合物；然后再把这些卡片逐个钉在实验室的墙上，反复排队。经过了一段时间的排队以后，他终于发现了元素化学性质的规律性。

元素周期律揭示了一个十分重要而有趣的规律：元素的性质随着原子量的增加呈周期性的变化，但又不是简单的重复。门捷列夫根据元素周期律，纠正了一些有错误的原子量。此外，他还先后预言了 15 种以上未知元素的存在。结果，在门捷列夫还在世的时候，就有三种元素被发现了。

后来，人们根据门捷列夫的元素周期律理论，把已经发现的 100 多种元素排列、分类，列出了今天我们所看到的的化学元素周期表，张贴于实验室墙壁上、编排于辞书后面，成为每一个学习化学的人必须掌握的化学基础知识。现在，我们知道，在我们生活的浩瀚的宇宙里，包括我们身体在内的一切物质都是由这 100 多种元素组成的。

那么，化学元素又是什么呢？化学元素就是同类原子的总称。化学元素周期律说明，化学元素并不是孤立存在的。这些事实意味着，元素原子肯定还会有自己的内在规律，互相存在联系。

射线的探索

我们都知道，医生们经常用 X 光对患者进行透视——X 光是一种射线，它可以穿透人体，医生依靠它就能进行诊断。最早发现 X 光的是德国物理学家伦琴。1895 年 11 月 8 日，伦琴在进行阴极射线的实验时将管子密封起来，以避免干扰，第一次观察到放在射线管附近涂有氰亚铂酸钡的屏上发出的微光。他以严谨慎重的态度，连续六星期在实验室里废寝忘食地进行研究。最后他确信，这是一种尚未为人们所知的新射线。因为对这种射线还不了解，因此伦琴给它取名为"X 射线"。

伦琴通过一系列实验证明，这种特殊的 X 射线具有与阴极射线不同的新性质。例如：它不仅可以使密封的底片感光，还可以穿过薄金属片，而且不能被磁场所偏转。伦琴夫人对于丈夫发现的神秘射线既好奇又不相信。于是，为了验证神秘射线的性能，伦琴让夫人把手放在射线前拍摄了一张照片——手掌的骨骼清晰可见！这就是历史上第一张 X 光照片——它一直被保存到今天，成为 20 世纪物理学发展的一座里程碑。

伦琴夫人左手的 X 光照片在全世界科学家中引起了巨大的轰动，随即在世界各地的物理学家中掀起了研究 X 射线的全球性浪潮，医务界和科学家随即把 X 射线应用于医疗诊断和物质结构的研究，用 X 光照相成为医生诊治疾病的依据和绝招。X 射线对人类的贡献很大，尽管伦琴坚持叫它"X 射线"，但人们为纪念他，仍然常把 X 射线叫做"伦琴射线"。X 射线的发现在当时的社会上引

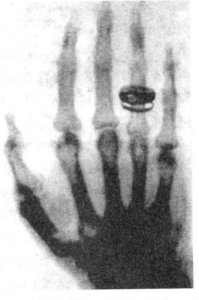

伦琴拍摄的第一张 X 射线照片

法国物理学家贝克勒尔

起轰动，开创了人类探索物质世界的新纪元。

伦琴发现 X 射线之后，法国物理学家贝克勒尔也在实验中发现铀原子放出了射线。这是一种神秘的射线，好像在每时每刻都在进行着辐射，也不见强度衰减。发出 X 射线需要阴极射线管和高压电源，而硫酸钾铀不需要任何外界条件，却能永久地、无声地放射着一种神秘的射线。虽然贝克勒尔没能完成他预想的实验，但毫无疑问，他意外地发现了一种新的射线。后来，人们把物质这种自发放出射线的性质称为"放射性"，把具有放射性的物质称为"放射性物质"。这就是世界闻名的关于物质天然放射性的发现。

天然放射性的发现意义十分重大，被誉为原子科学发展的第一个重大发现。这一发现揭示了一个非常重要的问题：在自然界当中，某些元素能自发地放出射线来，而这些元素又都是由某种原子构成的，这就说明原子本身并不是一成不变的，还会发生某种变化。原子的这种变化透露出这样一个信息：原子存在结构，原子还隐藏着许多秘密。因此可以这样认为，天然放射性的发现从根本上动摇了从前认为原子不可再分的陈旧观念。从此，人类跨入了进一步了解原子的大门。

1897 年，英国物理学家汤姆生根据实验结果得到结论，阴极射线是由每秒 10 万千米这样高速的带负电的粒子组成的。最初称为"粒子"，后来借用了以前人们对电荷最小单位的命名，称为"电子"。实验证明，阴极射线粒子的电荷与质量之比与阴极所用的物质没有关系。也就是说，无论用哪种物质做阴极射线管的阴极，都可以发出同样的粒子流，这表明任何元素的原子中都含有电子。此外，汤姆生还发现，除了阴极射线，在其他许多现象中也存在这种粒子。例如：我们加热金属时，金属的温度逐渐升高，当金属的温度达到足够高的时候，如果用紫外线照射金属，金属就会放出电子。这说明，

任何元素的原子中都有电子存在。汤姆生发现了电子，本是一件很了不起的事情，然而，他的发现并没有得到当时科学界的承认，有的人基至认为汤姆生的说法是愚蠢的，是在骗人。

电子的发现，直接证明了原子并非是不可分割的物质最小单位。原子的自身还存在结构，可以分为更小的粒子——电子就是原子家族中的第一个成员。后来，越来越多的事实完全证实了电子的客观存在。电子的发现不但使我们对原子结构有了进一步认识，而且还让我们弄清了电的性质。电灯、电话、电视机、收音机、雷达及航天飞机、人造卫星必须依靠电能来工作，而电子是电能存在的基础。可以说电子的发现推动了人类社会文明的进程。

居里夫人和镭

镭是一种重要的放射性元素，它的发现可以说是核能发展史上的一件大事。镭的发现者之一玛丽·居里是第一个荣获诺贝尔科学奖的女科学家，也是第一个两次荣获诺贝尔科学奖的科学家。1891年，玛丽·居里在父亲和姐姐的帮助下，来到巴黎大学理学院学习；1893年，她以第一名的成绩毕业于物理系；第二年，又以第二名的成绩毕业于该校的数学系。在荣获物理学硕士学位后，她来到了李普曼教授的实验室，开始了自己的科研活动。在这里，玛丽·居里结识了年轻的物理学家——皮埃尔·居里。由于具有相同的志向和兴趣，他们很快由友谊发展成爱情，并在1895年结婚，组成了一个幸福的家庭。

1896年，法国物理学家贝克勒尔发现一种铀盐能自动地放射出一种性质不明的射线。居里夫妇获得这个消息之后，对这一发现产生了极大的兴趣，于是决定向这个未知的领域进军。在一间原来用做储藏室的阴暗潮湿的房子里，玛丽·居里利用很简陋的装置开始科研工作。几个星期之后，玛丽·居里便取得可喜的成果。她证明铀盐的放射强度与化合物中所含的铀量成正比，而不受化合物状况或者外界环境因素（如光线、温度）的影响。

另外，玛丽·居里还认为，这种不可知的放射性是一种元素的特征。是不是只有铀元素才具有这种特征呢？她带着这个疑问决定对所有已知的化学物质进行检查。通过繁重的普查工作，她发现钍的化合物

玛丽·居里和丈夫皮埃尔·居里

也能自动地发出与铀射线相似的射线。玛丽·居里深信这是一种自然现象。因此，她提议把这种现象叫做"放射性"，把铀、钍等具有这种特性的物质叫做"放射性物质"。不过，她最终证实，她发现的放射性线并非来自于铀、钍，而是一种新元素。皮埃尔对玛丽的惊人发现也感到十分惊奇，于是决定暂时停止自己对结晶学方面的研究，和妻子一起研究这种神秘的新元素。

工作中的玛丽·居里

既然这种新元素存在放射性，就一定能够把它找出来。可是，他们早就对铀矿石进行化验了，并没有发现什么未知物质。他们据此推断，这种新元素在矿石中的含量一定特别稀少。他们用化学的方法把这种矿石的各种成分分开，然后再逐个测量它们的放射性。经过反复的搜索，最后发现放射性主要集中在两种化学成分里。他们认为，现在已经可以宣布发现了这两种元素之一。但是，当时很多人并不相信他们的发现，认为亲眼看到才能相信。为了让那些不相信的人看到这两种新元素，玛丽和皮埃尔决心要把它们提炼出来。

玛丽夫妇昼夜奋战，经过三年零九个月的艰苦奋斗，终于发现了两种新元素中的一种——镭：他们从三十多吨矿石残渣里提炼出 0.1 克纯净的氯化镭，并测得镭的原子量为 225。这一发现为核能的利用作出了巨大的贡献。

功臣卢瑟福

英国物理学家卢瑟福从小家境贫寒，他凭借顽强的毅力，完成了自己的学业。这段艰苦求学的经历使卢瑟福形成了一种"认准了目标就勇往直前"的精神。后来，他的学生为他起了一个外号——鳄鱼，并把他的实验室门口装饰上鳄鱼徽章。他为物理学的发展作出了重大的贡献。

1899 年，卢瑟福发现了镭的两种辐射：第一种辐射，能够穿透的最厚的铝片是 1/50 毫米，遇到比这再厚的铝片就无能为力了，但是能产生显著的电效应；第二种辐射，能穿透约半毫米厚的铝片，然后强度减少一半，并且能穿透包装纸，使照相底片感光。后来，卢瑟福把第一种辐射命名为"α（阿尔法）射线"，把第二种辐射命名为"β（贝塔）射线"。卢瑟福的这些发现以及后来在测定 α（阿尔法）射线的性质等方面的工作，推进了贝克勒尔开始的关于放射性的研究。1911 年，卢瑟福完成了著名的 α 粒子散射实验，证实了原子核的存在，建立了原子核模型。从此，人们对原子的认识又前进了一大步。

在此之前，人们对原子模型曾作过各种各样的猜测。汤姆生是卢瑟福的老师，他认为，原子内部呈球形，均匀地分布着阳电荷，其中夹杂着带阴电的电子。因为它像一个西瓜，整个西瓜分布着阳电荷，而瓜子带阴电荷，所以整个"西瓜"——原子——就显现中性，所以科学史上称这个原子模型为"西瓜模型"。根据"西瓜模型"的理论，如果用 α 粒子轰击原子，α 粒子会很容易穿过这个原子，而不会发生 α 粒子的散射现象。但是，卢瑟福和他的学生们经过多次实验，证明汤姆生的结论并不正确。

卢瑟福发现，当他以高能量的 α 粒子流轰击金属箔时，大多数 α 粒子穿过金属箔后依然沿直线前进，只有少数 α 粒子偏离了原来的前进方向，还有个别的 α 粒子被反射回来。这种偏离现象被称为"α 粒子的散射"。那些改变放射方向前进的 α 粒子的行为，就像是一个乒乓球打在一块硬石板上，乒乓球被反弹回来或被弹到别处一样。

我们在玩弹玻璃球的游戏时都会有这样的体验：一个玻璃球撞击到另一个玻璃球，其中的一个玻璃球必定会弹射到别的方向去。但是，玻璃球撞击到一个小小的砂粒上，就不会弹射回来，其原因是玻璃球要比砂粒大许多。同样道理，因为 α 粒子的质量要比电子的质量大许多（α 粒子的质量大约是电子质量的 7000 ~ 8000 倍），电子是不可能将 α 粒子弹回的。

卢瑟福认为，一定是有一种质量大的微粒子反弹了粒子。于是，他又做了在各种金属薄膜下 α 粒子流的散射实验，数清了在不同方向上散射的粒子数，从而得出一个崭新的结论：原子具有坚硬的、很小的、很重的并且带有正电的中心核。卢瑟福把这个核称为"原子核"。卢瑟福假定，环绕着核的大量电子是在电磁引力作用下旋转的，有些类似于环绕着太阳运转并以万有引力维系着运动轨道的行星系。原子具有核的结构这一物理学思想，对于当时的物理学家和化学家都是一个巨大的震动。核模型的建立对原子物理学的发展起了重大作用，因此卢瑟福被誉为"近代原子物理学的真正奠基者"。

自从放射性物质被发现以后，人们总是设想用人工的方法使自然界中一些元素的原子核转变为另一元素的原子核。第一个把这种设想变为现实的又是卢瑟福。他在 1919 年用 α 粒子轰击氮原子核，从氮原子核里面打出一粒碎屑——这粒碎屑在涂着硫化锌的荧光屏上发出了闪光。卢瑟福研究了碎屑之后，发现是氮原子核并吞了 α 粒子，变成了氢原子核——质子，同时形成了原子量是 17 的氧原子核。就这样，人们实现了许久以来的梦想——把一种元素转变成另外一种元素。

做了 α 粒子轰击氮核的实验后，卢瑟福和查德威克还测定了质子的射程。他们发现，除了碳和氧以外，从硼到钾的所有轻元素中，都可以用 α 粒子轰击，使它们产生嬗变并放出质

英国物理学家卢瑟福

子。1920年，卢瑟福在一次演讲中预言，在原子的某个地方，可能隐藏着一个尚未被察觉到的中性粒子，"它能自由地穿过物体，但却不能把它控制在一个密封的容器中"。而一经发现这种中性粒子，很可能比 α 粒子的用途要大得多。

当年卢瑟福所预言的这种粒子后来终于被发现了——它就是中子。中子是由查德威克在卡文迪许实验室里发现。6 年以后，哈恩用中子使铀核发生了裂变。紧接着，玻尔、费米、约里奥、西拉德等分别实现了由中子引起的铀裂变的链式反应，从而为原子能的释放及利用找到了实施的途径。

卢瑟福还认为，电子是原子里带负电的粒子，而原子又是中性的，那么，原子核必定是由带正电的粒子组成的。那么粒子具有怎样的特征呢？卢瑟福联想到氢原子是最轻的原子，那么氢原子核也许就是组成一切原子核的更小的微粒。氢原子核质量是 1 个氧单位，带 1 个单位正电荷，卢瑟福把它叫做"质子"。这就是卢瑟福的质子假说。

1919 年，卢瑟福用速度为 20000 千米/秒的"子弹"——α 粒子去轰击氮、钾、氟等元素的原子核，结果都发现有一种微粒产生，质量是 1 个氧单位，带 1 个单位正电荷，这样的微粒就是质子。这就证明了卢瑟福自己的质子假说是正确的。

原子核的奥秘

原子核被发现后，人们充满了疑问：原子核的内部存在着怎样的奥秘呢？科学家们的探索永无止境。1931 年，英国物理学家詹姆斯·查德威克受到约里奥·居里夫妇实验的启发，立刻着手研究约里奥·居里夫妇做过的实验，结果发现了一种新粒子——这种粒子的质量和质子一样，而且不带电荷。于是，他把这种粒子称为"中子"。中子的发现被誉为继放射性现象的发现之后原子科学发展的第二个重大发现。至此，人们在探索原子秘密的道路上又前进了一大步。查德威克因发现中子的杰出贡献，获得了 1935 年诺贝尔物理学奖。

丹麦物理学家玻尔

科学家也有迷茫困惑的时候，虽然卢瑟福对原子的研究取得了突出的成就，但他对于原子能的开发利用却抱着一种悲观的态度。

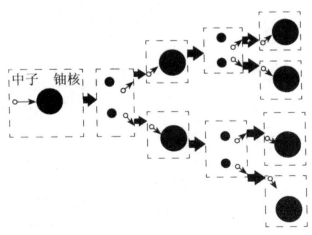

中子　铀核

链式反应示意图

丹麦物理学家玻尔创造了重要的原子核"液滴模型"：设想原子核像一滴水，当外来的中子闯进这个"液滴"里时，"液滴"就会发生剧烈的震荡，它开始变成椭圆形，然后再变成哑铃形，最后分裂为两半。这个变化过程的速度快得惊人。"液滴模型"是当时物理学家在探讨原子核模型时的许多设想之一。此外，玻尔还正确地指出了参与核裂变的铀的同位素——铀－235，这对后来发展原子弹具有重大意义。

　　1939年，费米在裂变理论的基础上提出一种假说：当铀核裂变时，会放射出中子，这些中子又会击中其他铀核，于是就会产生一连串的反应，直到全部原子被分裂。这就是著名的链式反应理论。根据这一理论，当原子裂变一直进行下去时，巨大的能量就会爆发。如果按这种原理制成炸弹，它理论上的爆炸力是同质量TNT炸药的2000万倍。也就是说，这种炸弹可以瞬间夺去千万条生命！

探索微观世界的奥秘

望着茫茫天宇、壮丽山河，从古至今，多少人在思索：世界万物是由什么构成的？它们是怎样组成了这多姿多彩的世界？可以说，这是一个古老而年轻的话题，人们对这一问题的认识，经历了漫长的岁月，至今仍在进行着不懈的探寻。

早在周代，我国古代学者就提出，世界是由金、木、水、火、土五种基本物质构成。这五种基本物质相生、相克，构成了万物的变化。公元前400多年，古希腊学者德谟克利特把构成物质的最小单元称为"原子"，原子在希腊文中是"不可分割"的意思，认为正是原子和空间，构成了一切事物的本源。

古代学者的这种对物质结构的认识，只是靠思辨而进行的哲学推论，真正对物质构成进行科学的研究和解释，是近两个世纪以来的事情。

18世纪后半期至19世纪中期，科学家通过大量化学、物理实验，对物质构成的认识取得了一系列突破性的进展。先是300年前英国科学家玻意耳提出了化学元素的概念，接着，1808年化学家道尔顿创立了科学原子论，为人类探索物质之谜奠定了重要的理论基础。1869年，俄国著名化学家门捷列夫发现了元素周期规律，制成了元素周期表，并根据元素周期规律预测了未发现的元素的特征，元素周期规律本身的奥妙和门捷列夫的推测，引起了人们的极大兴趣。元素周期律的发现被称为"科学史上的里程碑"，元素周期律成了打开原子构造大门的第一把钥匙。1897年，英国物理学家汤姆逊发现了电子，使人们对原子结构有了进一步的认识，它证明了原子不是不可分的物质最小单位，原子本身也还有它自身的结构。经过一个世纪的努力，从原子论的创立到电子的发现，"原子"这个概念在人们心中终于失去了古希腊文原有的意义。

直到20世纪初，英国科学家卢瑟福和丹麦物理学家玻尔提出原子模型的设想，人们才对原子结构有了比较直观立体的印象：在原子的中央有一个极小的核，核的直径在 10^{-12} 厘米左右，如果把原子比做一幢大楼的话，原子核只是一粒小黄豆而已。这个核集中了原子的几乎全部的质量，带有正电荷。原子核周围有相当于它所带正电荷数量的电子围绕着它旋转，就像行星绕着太阳转一样。这是一个微小的"太阳系"，"太阳"是原子核，绕着太阳转的"行星"就是电子。那么，原子核和电子又是由什么构成的？它们可分吗？这个问题是当时的原子模型还不能给以解答的。

虽然到现在为止，人类还没有敲碎过电子，而原子核却已经被人们征服了。

提出原子模型后不久，卢瑟福又发现了原子中还有带正电的微粒——质子，而且预言，在原子的内部还可能存在着一种尚未被发现的不带电的中性微粒，即中子。1932 年，卢瑟福的预言被英国的一位科学家查德威克证实了。为了探索自然的奥秘，必须拥有高效能的仪器和设备。随着现代科学技术的发展，人们相继有了被称为"原子粉碎机"的高能加速器，科学家们把粒子用高能加速器加到很高能量时去撞击原子核，原子核破碎了，令人惊异的是，原子核中居然有两三百种微小颗粒！科学家把这些微粒称为"基本粒子"。目前，人们已知道的基本粒子有质子、中子、光子、电子、中微子、超子、介子、胶子等三百多种，而且还在不断地发现中。

基本粒子要比原子小得多，大的也只有原子的十万分之一。原子核把众多的粒子用巨大的核力紧紧聚在它的周围，所以，想破坏原子核是相当困难的。如果能使原子核发生分裂，就可获得巨大的能量，人们正是利用这一点，演出了宏伟壮观的核变奏曲，开创了能源利用的新时代——核能时代。

按照目前近代物理研究的成果，物质的最小构成单元不再是分子、原子、"基本粒子"，也不会是"最基本"的微粒，随着人类对微观世界认识的加深，人们还会发现更"基本"的微粒。尽管微观世界如此难以捉摸，人们对它的认识尺度必定会逐步加深，从而逐步揭开微观世界的奥秘。

放射性的发现

在探索微观世界的道路上，科学家们经过艰辛的不懈的努力，攻克了一个又一个难关，最终敲开了原子的大门。放射性的发现，可以说是奏响了人们跨入原子时代的前奏曲。

1895 年 11 月一个寒冷的夜晚，德国匹茨堡大学的伦琴教授还在实验室里忙碌着。为了弄清阴极射线的性质，几个月来，他投入了极大的热情，夜以继日地工作。这时，他熄了灯，准备再做一次阴极射线实验。

高压电源接通了。忽然，一种奇异的现象映入了他的眼中：距阴极射线管不远的涂着铂氰化钡的屏幕上，不知什么原因竟闪出了一片黄绿色的荧光。

阴极射线管被黑纸板裹着，阴极射线是不会透射出来的，难道从阴极射线管中还能发出另一种射线，它能穿透黑纸板，映射到屏幕上吗？

伦琴试着把手挡在射线管和屏幕之间，屏幕上竟出现了一个吓人的图像———只手的骨骼的图像！这肯定是一种新的神秘的射线，它能穿透黑纸、肌肉，但被骨骼挡住了。

这一发现使伦琴兴奋不已，他一连几个星期把自己关在实验室里，研究着这种射线的性质。当他发现这种射线还能使底片感光时，便为妻子拍下了一张手部骨骼的照片。

1895 年 12 月 28 日，伦琴正式向科学界宣布了他的新发现，并在第二年初的一次学术报告会上，用这种射线当场为解剖学家克利克尔拍下了一张手的骨骼照片。伦琴的发现，震惊了世界，各地的学者、专家、新闻记者都千里迢迢地来登门求教。这种射线究竟是什么呢？是光？是带电微粒？当记者问他时，伦琴实事求是地说："我真的不知道，它好像数学中的未知数 X，我只好称它为'X 射线'。"

X 射线就这样问世了。17 年以后，德国物理学家劳厄证实了 X 射线是一种电磁波，或者说是一种光。后来，科学家还测出了 X 光的波长，并把它用于医学、金属探伤、研究物质分子和结晶结构等众多领域。

伦琴发现 X 射线以后，世界曾掀起一股研究 X 射线的热潮。当时，不少人认为荧光来源于 X 射线。为了证实这点，法国物理学家贝克勒尔做了一个有趣的实验：他用一种晶体铀盐作为荧光物质，放在阳光下照射。然后把它拿进暗室，放在用黑纸包好的照相底片上，结果，密封的底片感光了。贝克勒尔认为，荧光中真的含有 X 射线。为此，他准备重复几次实验，确实验证后，再公布他的实验结果。意想不到的是，天公不作美，一连几天的阴雨天，使贝克勒尔难以完成他的实验。他懊丧地从抽屉里取出样品，把底片冲洗出来以检查纸包是否漏光，然而，一个现象使他大吃一惊：照相底片居然被感光了，而且感光影像正好是铀盐的像。荧光物质没见阳光，不会发出射线，也就是说，底片感光与荧光无关，底片的感光必定另有原因。

经过反复实验，贝克勒尔发现，只要把铀盐和照相底片放在一起，不管在多么黑暗的地方，底片都会感光。贝克勒尔断定，含铀的物质能自发地产生一种射线，这种射线是不同于 X 射线的新射线，它同样可使底片感光。这是科学界最早发现的放射性现象，铀也是人们发现的第一个放射性元素。

贝克勒尔发现放射性的消息公布以后，立刻引起了一对从事科学研究的年轻夫妇的注意，他们就是人们熟悉而尊敬的居里夫妇。

含铀物质为什么会放出射线？这种射线有什么性质？是否只有铀能放出射线？别的物质能不能放出其他射线呢？带着这些问题，居里夫妇花了三年多时间，从几吨沥青铀矿中分离出了比铀放射性强 400 倍的新元素钋。不久，他们又发现了另一种放射性化合物。9 年以后，在居里去世后的第二年，居里夫人终于异常艰苦地从 30 吨铀沥青残渣中提炼出 0.1 克镭盐，并确定了镭的放射性比铀强 200 多万倍。

钋和镭的发现，不仅给科学界提供了两种用途广泛的放射性元素，而且给人们提供了一种提炼制取放射性元素的方法。居里夫妇因而也在科学史上写下了光辉的一页。

放射性物质每时每刻都在不停地向外放出射线，这些射线又是由什么构成的呢？解开这个谜的是英国物理学家卢瑟福。

　　卢瑟福把铀、镭之类的放射性元素放进一个铅制容器中，容器上端有个小孔。由于铅能阻挡放射线，所以只能从容器的小孔中放出一束射线。卢瑟福把一块磁力很强的磁铁放在小孔附近，于是放射线受磁铁的不同作用分成三束：一束是不受磁铁影响，穿透力较强的 γ 射线，一束是在磁场作用下发生偏转的 α 射线，还有一束是与 α 射线偏转方向相反，偏转角度最大的 β 射线。

　　α 射线、β 射线、γ 射线都来自原子内部。原子放出 α 射线或 β 射线后，变成了另一种新的原子。原子既不是不可分的，也不是一成不变的。放射性的发现，使人们开始步入神秘的原子世界，开创了科学研究的新纪元。

引发核裂变的中子"炮弹"

自从贝克勒尔发现了放射性现象，居里夫妇提炼出具有放射性的新元素镭和钋，卢瑟福的原子行星模型诞生后，科学界便把目光集中到了原子核的结构上。

1930 年，贝克勒尔和德国物理学家玻特，用放射性元素钋发出的 α 粒子轰击铍片时，发现从铍片里产生一种穿透力非常强的射线，两年后，居里夫人的女儿和女婿用这种射线的粒子轰击石蜡时，竟然打出能量很高的质子来。不过，这一现象未能引起他们的深刻注意，他们从经验出发，误认为这种"铍射线"是一种能量极高的 γ 射线，因而错过了一次重大发现的良机。

卢瑟福的学生、英国科学家查德威克捕捉了这一良机，对这种现象作了进一步的研究。他发现，这种射线的粒子的质量和质子非常接近，是一种不带电的中性粒子，于是命名为"中子"。中子就这样被一位年轻的学者发现了。它使人们确认了原子核是由质子和中子构成的，对原子结构的探索又深入了一步。

中子被发现以后，科学家们就利用它去轰击各种元素的原子核，来研究原子核破裂时的反应。但命中率太低，多少次实验毫无结果，以致被誉为"原子物理之父"的卢瑟福失去信心地断言：人类任何时候也休想利用原子能！

1934 年春，意大利物理学家费米用中子去轰击铀原子核，发现铀被强烈地激活了，并产生出许多种元素。由于当时缺乏有效的手段，所以难以对这些元素进行精确的分离和分析。4 年后，德国化学家哈恩和奥地利的迈特纳，用化学方法分离和检验核反应的产物，初步确认，铀核在中子的轰击下，分裂成大致相等的两半，而且计算出一个铀核裂变时会释放两亿电子伏特的能量！

与此同时，居里夫人的女儿和费米等人，在各自的实验中，几乎同时得到了肯定的答案。他们发现，核裂变时除去产生两个裂变原子核并释放出能量外，还会产生出两三个新的中子，新产生的中子又去轰击铀核，还会产生出更多的"中子炮弹"来。于是就会发生一连串的反应。这种按几何级数陡然增加的中子，可以使铀核在极短的时间内全部分裂，同时放出巨大的能量。如果制成炸药，1 千克铀核裂变放出的能量，相当于 2 万吨 TNT 炸药的爆炸力！

这种"链式反应"的发现，为人类利用核能打开了迷宫的大门，使人类找到了巨大的能源。

那么，原子核里为什么能有如此巨大的能量呢？科学家们认为，直径仅为原子直径十万分之一的原子核里，拥挤着许多带正电的质子和不带电的中子，它们能排除互相排斥的静电力而共聚一堂，必然还存在着强大的吸引力，科学家称这种吸引力为"核力"。一旦原子核发生裂变，核力就会被释放出来。但是核力究竟有多大？这个问题由著名科学家爱因斯坦提出的质量和能量的关系式后给出了较圆满的答案。

爱因斯坦认为，质量和能量都是物质存在的形式，两者之间的关系式为：

$$E = mc^2$$

关系式中，E 是能量，m 是质量，c 是光速。按照这个公式，任何一克物质都具有相当于 2500 万千瓦·小时的电能。原子中原子核的质量稍稍小于它所含的质子和中子的质量总数，这个微小的差别用爱因斯坦的公式计算，也是一个十分巨大的能量，由此可以知道原子核里有着惊人能量的道理了。

目前，使原子核内的能量释放出来，主要有两种方法：一种是将较重的原子核打碎，产生核裂变反应。目前的核电站、原子弹就是采用这种反应的结果。另一种是把两个较轻的原子，聚合成一个较重的原子核，同时放出巨大的能量，这种反应叫"核聚变反应"，氢弹爆炸就属于这种反应。

人们利用核能，首先是从核裂变反应开始的，中子就是引发核裂变的炮弹。如果说核能是人类的又一能源宝库，那么中子就是打开这座宝库的钥匙。

粒子加速器

世界就是这样矛盾和奇妙，打破越小的东西往往需要越大的能量。要想把肉眼看不到的细小微粒——原子——打破，把一个质子或中子从原子核中分离出来，需要用具有 800 万电子伏能量的粒子去轰击原子核才能奏效。有的粒子，要想从核内打出来，甚至需用上亿电子伏的粒子做"炮弹"，真可谓名副其实的攻坚战。

怎样才能获得具有高能量的粒子呢？这就要靠高效率的仪器和设备。粒子加速器就是一种能够产生很大能量的粒子"炮弹"的大型机器。它可以使带电粒子获得极大的速度，因而具有极大的动能，而且能够密集地接连不断地发射出来，去轰击要研究的原子，把原子打破，使人们得到所需要的基本粒子。因此，科学家们把它称为"粒子炮"。

自然界虽然也有一些放射性的物质，可以作为轰击原子的炮弹，但是人们难以对它们进行控制，而且这些天然物质放射出的粒子能量都不够高，所以轰击的效率比较低。1919 年卢瑟福用天然放射性镭发出的 α 粒子去轰击氮原子，得到了氧和氢，但是这次实验用了几个星期的时间。

科学工作者渴望有一种能够加大粒子速度，提高粒子能量的机器，来探索原子的奥秘，征服原子世界。为此，许多科学家进行了长期的艰苦的努力。

1928 年，英国物理学家科克罗夫特和沃尔顿建造了最初的粒子加速器——电压倍加器。他们利用这台能把质子加速到 40 万电子伏能量的装置，击碎了锂的原子核，为此获得了 1951 年的诺贝尔物理奖。

与此同时，美国物理学家范德格拉夫也设计了一种静电加速器。它的高压电极是半球状的金属筒，由绝缘柱高高支起，电极里产生的粒子经强电场加速可到 24000 万电子伏。

这两种加速器都是一次加速，能不能让粒子在机器中受到多次加速，从而提高它的能量呢？1938 年科学家维德罗用交变电场作为驱动力，使粒子在分段的管道中，每经过一段管道受到一次推动，建成了第一台加速离子的直线加速器。这种加速器大大提高了被加速粒子的能量，但缺点是管道长，而且没有充分利用。像美国斯坦福直线加速器中心的一台机器，加速管长达3千米，可想而知，整台机器是多么庞大。

那么，能不能把管道做成一个圆圈状，使粒子在圆圈中周而复始地加速？第一个实现这种想法的是被称为"加速器之父"的美国物理学家劳伦斯。他于1931年制成了第一台回旋加速器。这台加速器直径不过0.3米，但能使粒子加速到125万电子伏。

随着人们对粒子能量不断加大的要求，回旋加速器也从最初的"苗条"渐渐巨大起来。1951年，芝加哥大学内的回旋加速器，磁体就重2200吨，它由一个钢芯和缠绕它的铜线组成。铜线由直径为1英寸的铜管做成，总长度约7千米，仅磁体就有一间房那么大。1967年，前苏联建成一台能产生700亿电子伏能量粒子的加速器，直径超过1500米。美国的一台质子同步回旋加速器直径为两千米，可把质子加速到5000亿电子伏。加速器已经成为一个能量和体积都十分可观的"巨人"。

从20世纪60年代起，科学家们开始研制使粒子和要轰击的原子都动起来的对撞机。这种碰撞无疑比运动的粒子撞击静止的原子要产生更大的能量。70年代后，对撞机已成为世界研制加速器的主要趋势。

西欧核子研究中心的质子——反质子对撞机，能量可达5400亿电子伏特。我国科学院高能物理研究所研制的北京正负电子对撞机，已于1988年开始运行。美国计划建一台20万亿电子伏的对撞机，其工程可同挖凿巴拿马运河相比。

加速器从诞生以来，在半个多世纪的时间里，帮助人们发现了300多种基本粒子。这尊强大的"粒子炮"，轰开了原子世界的大门，为人们洞察微观世界立下了汗马功劳。

核反应堆的秘密

提起核反应堆，也许有人会问：既然它是一种核反应装置，为什么不叫"装置"而叫"堆"呢？要揭穿这个秘密，我们来说一段故事。

原子能的实际试验，是在美国进行的。那是在 1942 年，当时欧洲正处于第二次世界大战中，许多原子科学家都集中到了美国。这一年 12 月，流亡到美国的意大利科学家恩里柯·费米等人，在美国芝加哥大学操场的地下，建造了世界上第一个原子核裂变反应装置。由于实验极为保密，工作人员一律不许对外讲出自己的工作情况，所以外界一般人是不知道这里的秘密的。

这个反应装置是由铀和石墨一层隔一层堆积而成的，共有 57 层，组成一个"堆"。这个"堆"极其庞大，据说光是使用的石墨，就够为当时全球每个人做一支铅笔。

当时的工作人员为了保密，在对外联系时，不能暴露真相。在打电报时，就只用一个简单的词"Pile"来代表实验装置，这个词的意思就是"堆"。后来，原子核裂变反应装置为世人所知，已经不成为秘密了，但是那个代号"堆"却沿用了下来，成为反应装置的正式名称。

有了反应堆，就可以控制原子核裂变反应的速度，使核能得到和平应用，如发电等。

现在反应堆的种类很多，有压水堆、天然铀石墨气冷堆等等，一般核电站用的是压水堆。压水堆就是加压水型反应堆。在这种反应堆里，装有核燃料，如铀 -235 等。为了控制反应速度，反应堆里还装有许多组控制棒。控制棒一般都是用能吸收中子的材料制成，如银钢镉合金、硼钠等。核燃料在反应堆中排成有规则的堆芯，放在一种坚固的钢容器里。控制棒由电动机驱动，根据需要来控制中子的多少，从而掌握裂变反应的速度。反应堆在裂变反应时会产生巨大的热量，这些热量可以用高压水带走。

在核电站里，反应堆是关键性装置。为了将原子核裂变的能量用来发电，还得有一套完整的设备。它除反应堆外，还有蒸发器、汽轮机和发电机等。此外，还有蒸汽和水的管路等。

在用压水堆作反应堆的核电站里，总共有两套管道回路。第一套回路是通过主泵输入高压水，水进入反应堆后，被裂变反应的热能加温，高温水经稳压器进入蒸发器中，将第二套回路里的水加温，变成蒸汽。蒸汽进入汽轮机，带动汽轮机，汽轮机带动发电机发电。从汽轮机出来的蒸汽还可以通过冷凝器和泵，进入蒸发器中再次利用。从蒸发器中出来的另一部高压水还可以返回到反应堆中。

也许有人会担心，原子能发电站安全吗？它不会像原子弹那样爆炸吧？这种担心是多余的。首先，原子能发电站和原子弹虽然都是利用原子核释放的能量工作的，但它们的工作原理和过程是不同的。原子弹的能量释放速度不能控制，在瞬间进行；而原子能发电站的能量可以通过控制棒控制，按需要慢慢释放。可见，原子能发电站决不会爆炸。此外，原子能发电站还有多种保护措施。核燃料是放在坚固的钢容器里，反应堆又装在用金属制作的耐压容器中，而且埋在地下很深的地方。周围又用水泥等材料，把它严密地封锁起来。即使万一有原子辐射线泄漏，严密的封锁线也会把它们封锁在地下，不致泄漏到外面。

人造小太阳

你知道太阳为什么会不停地发出巨大的光和热吗？原来太阳上也在进行原子核反应哩。

早在 1938 年，科学家贝特就指出，在太阳的炽热的核心里，正在发生核聚变反应，即在不断地由许多质子合成原子核的反应。

我们在前面已经讲过原子核的裂变反应，这里说的却是原子核的聚变反应，这是怎么回事呢？

前面讲过，像铀这样的重元素，它在裂变时，会有质量亏损，这些亏损的质量会变成巨大的能量，这就是裂变能。原子弹和原子发电站都是利用这种原理工作的。

我们现在来看轻元素，如氢和氦。氢原子核是由 1 个质子组成的。氦原子核则是由两个质子和两个中子组成的。根据计算，氦原子的质量应该是 4.031872 "原子质量单位"。但是，科学家阿斯顿在用他的仪器实测氦原子质量时，却只有 4.001507 "原子质量单位"。这就是说，氦原子质量的理论值与实际值亏了 0.30365 "原子质量单位"。

又是产生了质量亏损。根据物质守恒定律，这些质量亏损是化成了原子的结合能，原子核就是靠这种结合能把质子和中子"粘"在一起。这种结合能在科学上就叫"聚变能"。由此可见，原子核裂变可以施放出能量，同样，原子核聚合也可以施放出能量。这种聚变能就是聚变反应的产物。

在太阳的核心里，正在发生 4 个质子合成一个氦核的反应，所以它会发出巨大的聚变能，光和热就是聚变能产生的。

聚变反应的燃料一般是轻元素，如氦、氢及其同位素等。一个氢同位素氘核和一个氢同位素氚核互相碰撞，发生聚变反应，可生成一个氦核。聚变时同时释放出很大的能量，这种能量比裂变反应时发出的能量还要大。生成 1

克氢核的聚变反应，释放出来的能量就大约与燃烧 12 吨煤相当，这要比同样重量的核燃料裂变反应产生的能量大好几倍。

根据这个道理，科学家准备用人工的方法来重现太阳核心的反应，也就是人工制造"小太阳"。

不过，实行原子核的聚变反应有一个条件，必须加温，使原子核以极高的速度运动，才有可能叫它们聚在一起。不过，一旦聚变反应发生，就不必再加温了，它自己产生的能量就可以维持反应的要求了。这就像一般燃料，只要点着，它就不必老加温，自己就可以燃烧起来一样。正因为这个原因，人们才把原子核的聚变反应称为"热核反应"。比如为了使两个氘核或氢核发生聚变，就必须使它们充分靠近，近到只有十万分之一厘米的距离，要做到这一点，必须具有几千万摄氏度到两亿摄氏度的高温才行。因此，要实现聚变反应，获取这种反应的高能量，首先要付出高的温度。

1952 年，美国首先用人工方法实现了核聚变，这就是氢弹爆炸。氢弹原来就是用氢等轻元素作原料，用高温来促使这些元素的核聚变的产物。那么，氢弹里的高温是怎么得到的呢？是用原子弹爆炸得到的。也就是说，一颗氢弹里其实还藏有一个小小的原子弹。这个小小的原子弹就像普通炸弹里的雷管，它先爆炸，产生几百万至几千万摄氏度的高温。在这种温度的"引燃"下，氢弹里的重氢发生核聚变，变成了氦核。在一瞬间，产生比原子弹还大的爆炸能量。1952 年 11 月 1 日，美国在太平洋一个小岛爆炸的一枚叫"麦克"的氢弹几乎把这个小岛削平了。

后来，人们又制造了威力更大的氢弹。这种氢弹里装的聚变原料是氢化锂或氘化锂，其中的"引爆"原子弹有多个普通的铀弹，或钚弹。1 千克氘化锂的爆炸能力相当于 5 万吨烈性炸药梯恩梯。我国于 1969 年 6 月 17 日也爆炸成功了第一颗氢弹。这颗氢弹里面装的核"炸药"就是氢化锂和氘化锂。

还有一种更厉害的氢弹叫钴弹。它是在氢弹外面包上一层金属钴。当氢弹爆炸时，释放出中子，撞击钴核，产生钴同位素。这种钴同位素放射性极强，杀伤力极大。它产生的烟尘所到之处，一切生命都会死亡。

氢弹，实际上是战争之"神"。能不能变战争之"神"为和平的使者呢？也就是说，能不能让原子核的聚变反应也变得可以控制，使它像原子能发电站那样，慢慢释放出能量来，为人类造福呢？

这种可以控制的热核反应，科学家叫它"受控热核反应"。从 1952 年氢弹爆炸之时起，就有许多国家在秘密研究这个问题。我国也已经有了自己的受控热核反应试验装置。

　　要使热核反应得到控制，必须保证参加反应的热核材料得到充分的约束。由于裂变反应堆的燃料是固体，反应温度只有几百摄氏度到两千多摄氏度，可以装在壳体中，用控制棒让它慢慢反应，这样做困难不是很大；而聚变反应是在几千万摄氏度的高温下进行，这时所有的物质都被电离，变成了等离子体，控制起来就十分麻烦，因为至今还没有一种材料可在几千万摄氏度高温下不化，所以找到不化的容器来装核燃料就成了难题。后来，科学家找到一种"磁约束"的办法。据说，已经建成的大型磁约束受控热核反应装置，这种装置可以在 6 千万摄氏度高温度下，约束核聚变反应。当然，这并不是说热核反应完全可以控制了。但是，和平利用热核反应的前景还是很美好的。

　　据计算，建成一座可控热核聚变反应发电站的投资是烧煤的火力发电站的 6 倍，是裂变反应核发电站的 4 倍。一座功率为 150 万千瓦的可控热核发电厂，光要使用的钢材就要 5 万吨，仅此一项，就相当于同功率火力发电厂的全部投资。看来，建成热核发电站的任务是艰巨的，但是它产生的能量却是无可比拟的，人类一定会在地球上造出许多可以控制的"小太阳"，而不需要像神话中的盗火神普罗米修斯那样，去天上"盗火"。

原子反应堆

美国芝加哥大学的校园里，有一座废弃不用的运动场。在运动场西看台的前面外墙上，挂着一块镂花金属匾，上面用英文写着：

"1942 年 12 月 2 日，人类在此实现了第一次自持链式反应，从而开始了受控的核能释放。"

这就是原子时代的出生证明。

人类制成的第一座原子反应堆，就是在这个运动场看台下面的网球场中建造起来。

那是 1942 年 11 月，美国芝加哥大学校园里一片冷清。由于美国卷入了第二次世界大战，学生们各奔东西，校园一时失去了昔日欢乐喧闹的气氛。

细心的人们却惊异地发现，在校园体育馆的室内网球场入口处，挂着一块醒目的牌子，上面写着"冶金技术研究所"，禁止外人入内。

其实，这里来了一批举足轻重的人物，为首的是意大利物理学家恩里科·费米，他带领一批物理学家，在这里研制原子反应堆。

早在 1939 年 1 月，国际理论物理学年会上，费米得知德国的物理学家哈恩发现了铀核裂变现象。

当时，费米十分震惊，他似乎已预感到它的重大价值：铀核俘获一个中子后，会分裂成两个大致相等的部分。这样，如果铀核每次裂变放出一个以上中子，将又会引起下一次裂变。如此循环，就有可能发生链式反应。

继而，费米又计算出铀核分裂可能释放出令人难以想象的巨大能量。

接着，费米继续进行着他的实验。运用先进的回旋加速器，证实了链式反应的可能性，而且反应速度极快，前后两次反应的时间间隔仅为五十万亿分之一秒。

而对如此的成就，费米激动不已。他认为一旦能够人为地控制铀核裂变的速率，链式反应自动持续下去，它将会在极短的时间内释放出巨大能量！人类将会开辟出新的能源！

只是，促使铀核裂变要形成链式反应的关键在于中子。然而，在绝大多数情况下，中子释放速度极快，很难被铀核"俘获"。

要解决这一问题的关键，是找到一种减速剂，使中子被释放出来之后运动速度变慢，让铀核俘获，从而导致下一次裂变。

几经大量的实验和探索，费米等人终于找到了理想的减速剂——纯石墨。

实验得到了根本性的突破后，费米带领一批物理学家在芝加哥大学的网球场内，要建造世界上第一座原子反应堆。

根据设计要求，反应堆长近 10 米，宽 9 米，高 6.5 米，总重量 1400 吨，一层石墨一层铀，总共 57 层，其中有 56 吨天然金属铀和氧化铀。看上去，反应堆就像偏球形的"炉灶"。

在这个"炉灶"里，还插着一根特制的镉棒。它能吸收中子，只要调节它的深入尺寸，就可以控制裂变反应速率。

为了预防事故的发生，科学家们采取了几套预防措施，将反应堆内控制棒分3组：一组是电动的自动控制棒；另一组是用绳子拴着一个重物的紧急安全棒，当发生意外故障时，立即砍断这根绳子，使安全棒迅速掉入堆内；最后一组是一根控制棒，移动这根棒可以使链式裂变反应开始发生、加速或停止。

1942年12月2日，原子反应堆试运转，大家都在紧张地为此准备着。

费米抬起手腕看了一下表，9时45分。他大声喊道："大家注意，现在启动反应堆。"

此时此刻，在场的所有人员的注意力都集中在"炉灶"上，等候费米的命令。

15分钟后，费米下达命令："抽出控制棒！"

当把镉棒慢慢地向外抽出一些时，只听得计数器"咔咔咔"的声响越来越快——铀核裂变开始了！只是声音不稳。

到了下午3时20分，费米再次下命令："再把控制棒往外抽一英尺！"

3分钟后，计数器的"咔咔"声终于变成了稳定的响声。反应堆达到临界点，人类历史上第一次核的链式反应开始自持地进行了……

它以小于0.5瓦的功率运行28分钟。

费米主持的世界上第一座核反应堆的成功运转，标志着人类进入了原子能时代。

这一反应堆，人们还叫它"芝加哥一号"反应堆。

其实，在反应堆里，铀原子受到慢中子的轰击，发生核裂变，产生大量的能量，可以用来发电，产生高温，这就是核电；当能量集中、短时间突然释放出来时，就产生大爆炸，这就是原子弹。

原子弹爆炸

最简单的原子连锁反应，是在原子弹中发生的反应。那么，原子弹是如何爆炸的呢?

在原子弹中，有两块或更多的同位素微块。每一块的重量小于临界质量，但是，如果把它们加起来则大于临界质量。它们又相处在一个安全的距离。

在它们的背面放着微小的普通炸药块，在规定的时刻，炸药块爆炸。这使同位素微块彼此间互相射击。于是，形成了临界质量，原子弹就爆炸了!

实际上，这里发生着剧烈的裂变，速度是相当快的。

首先，出现 1 个裂变。

其次，两个中子引起了两个裂变。

继而，每个引起两个裂变，因此，出现 4 个、8 个、16 个、32 个、64 个……

看起来这个速度不是很快。但是，如果连续地以 2 来乘的话，那增长的速度是十分惊人!

例如，在第 10 "代" 裂变时就有 512 个。到了第 20 "代" 则为 524288 个裂变。第 80 "代"，超过了 1，2089×1024。所有这一切都是发生在不到 1 秒钟的极短时间内。

这样，原子弹就爆炸了。

纳粹德国在行动

20 世纪 20 年代，美国的一些优秀青年，如拉比、奥本海默等纷纷到了英国、德国和丹麦等欧洲国家，求教于当时世界上一些著名的物理学家，如卢瑟福、玻尔、玻恩、海森堡等，在他们的指导下，学习与原子和原子核有关的现代物理学。待学成之后，他们怀着振兴美国物理学研究的雄心，带着最新的量子力学、原子物理和核物理知识回到自己的故乡。这些新知识和新发明就像 16 世纪西班牙航海家抢来的金子一样稀奇与珍贵，给自己的祖国带来巨大而又令人吃惊的利益。

1932 年是一个不寻常的年份，在那一年的 2 月，发现了中子；11 月，罗斯福当选为美国总统；次年的 1 月，希特勒当上了德国政府的首脑。20 世纪 30 年代，希特勒的反犹太和反现代科学的政策，给美国送来了一大批欧洲优秀的物理学家，如弗兰克、费米、维格纳等，使美国的现代物理学，特别是核物理学的研究队伍日益壮大。

1939 年 1 月，玻尔应邀去普林斯顿高级研究院访问。弗里施在他临行前仓促从瑞典赶回来，告诉他铀可能裂变成了两块。玻尔把这一消息带到了美国，立即引起了轰动。当时弗里施正在丹麦做实验，以证实他们的解释。玻尔的儿子奥格通过电话给玻尔通报了弗里施已经看到裂变碎片产生的大电流信号的消息。

玻尔立即和普林斯顿的惠勒合作研究核裂变的机制。他们提出并在理论上证明，只有铀 –235 才会在吸收中子后发生裂变。玻尔怀疑铀 –238 吸收中子后会变成一种更重的元素，这个元素也可能会产生裂变。玻尔还提醒，铀 –235 在裂变时可能会产生两个以上的次级中子。他们的文章在 1939 年 9 月公开发表。

核裂变的实验立即在美国的很多实验室被重复和证实。随之而来的是对裂变过程的进一步研究和对裂变生成元素的鉴定，许多科学家不久就分别独立地证实了法国约里奥·居里小组的发现：铀元素在裂变时能产生多于一个的次级中子。这一发现使物理学家们想到了原子核的链式反应：一个中子引起一个铀原子核裂变，而裂变产生的更多中子又引起更多的裂变，因而形成连锁反应。原子核在这个反应过程中，释放出巨大的能量。

当核物理研究发生突变时，希特勒发动的战争也发生了跃变。1939 年 3 月 6 日，德国军队开进了捷克斯洛伐克。物理学家们不仅看到战争的变化，也看到原子核裂变释放的巨大能量可能会对战争产生的影响。当世界上最大的铀供应国捷克斯洛伐克落入德国人的手中时，他们不能不为此担忧。因此，他们立即以自己的方式作出了反应，西拉德就是其中最为重要的一位。

利奥·西拉德，匈牙利物理学家，生于 1898 年。他在青年时代就饱受政治动荡之苦。在希特勒掌握政权以后，西拉德先到了维也纳，在那里待了 6 个星期，又到英国去了。西拉德具有惊人的才能，他能根据今天的事实，用演绎法来预测明天的事变，他认识到，奥地利迟早是要被纳粹占领的。

1933 年秋，在英国物理协会年会上，卢瑟福爵士在发言中指出，凡是谈论大规模地取得原子能的人，都是"胡说八道"。西拉德后来回忆说："他的讲话使我考虑了这个问题。1933 年 10 月，我的脑海里出现一个想法，就是说，如果能找到一种元素，它吸收一个中子并发射出另外两个，那么就可以实现链式反应，首先我觉得铍可以是这种元素，后来又觉得是某些其他元素，包括铀在内。但是由于种种原因，我没有进行临界试验。"

早在 1935 年，西拉德就向许多原子科学家提出了这个问题：他们是否认为应该理智地、起码是暂时地停止发表他们的工作结果，并且要考虑到他们的研究有着严重的、甚至是危险的后果。他所询问的科学家之中，大多数拒绝了他的建议。在当时，原子堡垒被攻下来的希望似乎是没有可能的，而西拉德却已经在谈论如何处理战利品了。由于这一"过早的担心"，他所得到的声誉是"荒唐"，即，没有做第一步和第二步，而竟考虑做第三步和第四步的事情了。

1939 年 4 月末到 7 月末，西拉德和他的朋友们一直苦思，怎样以最好的方式让美国政府了解原子研究工作的巨大意义，以及它们对军事技术可能产生的影响。

1939 年 3 月，费米请求哥伦比亚大学研究生院主任皮格勒姆给美国海军军械部部长、海军上将胡珀写一封信，请求他同意利用费米在华盛顿美国哲学学会作报告的机会，与费米见一次面。3月17日，费米拿着皮格勒姆的介绍信去见胡珀。皮格勒姆在信中以用于学术讨论的谨慎口气写道："铀可能成为一种每磅可以释放出比通常炸药大100万倍的能量的爆炸物。我自己的感觉是，这种可能性是很小的。"在会见中，费米同胡珀讨论了制造原子弹的可能性，但是，费米的话对这位海军上将并没有产生多大的影响。胡珀只是礼节性地会见了他，希望费米能及时地把他们的研究结果转告海军。

费米在给海军科学家作报告时，提到了用慢中子实现可控核反应和用快中子实现核爆炸的可能性，他说："然而，不可能对目前存在的实验数据作出任何精确的预言。"费米的报告引起了海军实验室一些在为潜艇寻找新动力的科学家的兴趣，他们也开始了铀分离和核裂变方面的工作。但是，海军不愿意提供用于核研究的经费。这种态度，无疑是给费米等科学家们的头上泼了一瓢冷水。

正当西拉德等人为怎样引起政府机构对核裂变的注意而伤脑筋时，他们得到了秘密报告说，"第三帝国"正在德国政府支持下顺利进行制造原子弹的工作。由此可见，他们的最坏设想已经得到证实了。

通过秘密渠道传到美国物理学家那里的最新消息说，德国人已经采取了坚决行动，他们突然禁止从他们所占领的捷克斯洛伐克出口铀矿石。欧洲另一个有储备铀的国家是比利时，它是由刚果的铀矿产地中得到这种金属的。现在，西拉德正在想方设法来保护这种具有重要战略意义的金属，不让希特勒夺去。可是，美国政府还一直没有认识到铀会有什么军事价值，这种稀有金属当时几乎全部用来制造钟表盘上的发光字码和用于陶瓷工业。

形势越来越明朗了，德国正在从事制造原子弹的工作。西拉德这时意识到，必须得到美国政府的支持，以遏制德国的核计划。

美国的核计划

铀委员会在给罗斯福的第一份报告中指出：由于核研究的军事特别是海军应用，"我们相信这个研究是值得政府给予直接财政支持的。"费米和西拉德等人因此而得到了美国政府的一部分拨款。他们利用这笔资金签订了购买材料的合同，将不断缓慢到来的氧化铀和石墨堆在一起，研究反应堆中材料的排列方式，各种中子吸收、逃离现象，用实验和外延的办法测量、推断和提高反应堆的中子增殖系数。

美国在战争时期制定科研和防务政策的任务主要落在大学校长们的肩上。一方面，这是因为华盛顿的政府办公室里没有人真正深入了解，并能指挥起美国的科学研究；另一方面，军事科研部门缺乏优秀人才。

罗斯福总统看到了这个弱点，他曾在科学家的聚会上讲话，希望科学家能成为保卫美国安全的一支重要力量。美国东海岸的一些大学校长也认为，国家科学院应对战争做一些事情，他们推荐华盛顿卡耐基大学校长布什出面与罗斯福总统商谈有关国防科研的问题。

布什曾是一位电子专家，精通应用数学，曾经担任过麻省理工学院的副院长。布什于1940年6月初与罗斯福总统进行了会谈。6月27日，罗斯福下令成立国家防卫研究委员会，布什担任这个委员会的主席。它的主要任务是在美国科学院和美国政府之间建立联系，使美国的科学研究能在美国政府的支持下，独立地和更有效地为美国的防务服务。布里格斯的铀顾问委员会演变成它的一个下属委员会。布什对它进行了改组，把这个委员会的两名军事成员换成了5名科学家，强化了美国的核研究计划。仅哥伦比亚大学的核研究在1940年11月就得到了4万美元的额外支持，材料的供应也得到了明显的改善。

美国国家防卫研究委员会成立后，实际上只控制了与国家科学院有关的研究人员。当时军队拥有另两个平行机构：军事服务实验室和国家航空顾问委员会。为了将所有的科研能力统一起来，更有效地为战争服务，在布什的提议下，罗斯福总统于 1941 年 6 月 28 日下令成立政府科学研究发展办公室，布什被委派为这个办公室的主任，成为美国战时军事科研的最高协调人，原国家防卫研究委员会成为科学研究发展办公室的一个下属机构。布什在核研究方面的主要助手、哈佛大学校长、化学家科南特接任国家防卫研究委员会主席。布里格斯的铀委员会升级为科学研究发展办公室的一个分部，也称"S-1 委员会"。这样，核研究就变成了美国战时几个最重要的军事研究项目之一。

　　在西拉德、费米等人积极地争取美国政府的支持，以军事应用为最终目的而从事核研究的同时，另一个纯学术研究性质的实验室却在无意中接近了原子弹研究的大门。

　　在加州大学伯克利分校的辐射实验室，回旋加速器的发明人、诺贝尔物理学奖金获得者劳伦斯，很热心于加速器技术的改进和更大加速器的建造。1940 年，他从洛克菲勒基金会获得 100 多万美元的资助，以建造重达 4900 吨的回旋加速器。他的一些物理学界的朋友，如麦克米伦和艾贝尔森等人则利用劳伦斯的回旋加速器产生的高能粒子束做各种核实验。

　　1940 年初，麦克米伦和艾贝尔森在实验中发现了玻尔预言过的第 94 号元

素钚－239 存在的迹象。钚－239 是由铀－238 吸收一个中子，并经过两次衰变后产生的，具有 24000 年的寿命，与铀有着非常不同的化学性质。他们的这一发现在当年 6 月的《物理评论》上公开发表。

1941 年 2 月，伯克利的化学家西博格用化学方法正式证实了钚－239 的产生，并开始对它的性质进行系统测定。根据玻尔的预言，钚－239 也是一种可裂变元素。英国核研究主持人之一的查德威克看到文章后，立即通过外交途径请求美国方面制止更多消息的泄露。1940 年 12 月 28 日，英国另一名重要核物理学家考克饶夫通过英国驻美科技代表福勒转给劳伦斯一封信，提醒他注意钚的潜在军事应用价值。麦克米伦不久因雷达研究而返回麻省理工学院，在他的建议和劳伦斯的帮助下，费米当年在罗马的同事西格雷接替了麦克米伦，他们在 1941 年 3 月就证实了钚－239 的可裂变性。

1941 年初，美国很多物理学家对布里格斯的铀委员会的工作提出了意见。布什请美国国家科学院院士、芝加哥大学物理系主任康普顿组织一些"有资格判断核研究"的人对核计划作全面的考证。经过与布里格斯委员会成员讨论后，康普顿的委员会于 5 月 17 日递交了第一份报告。报告讨论了慢中子的军事用途，包括利用裂变产生放射性污染、反应堆作为潜艇动力，以及由高纯度的铀－235 或其他可裂变元素装配原子弹。报告虽然提出了核动力未来的重要性，但对成功的时间特别是同位素的分离持不乐观的估计，没有能够对原子弹在当时战争中的作用提出肯定的建议。

劳伦斯是国家防卫研究委员会雷达小组的成员，在核物理学的朋友，特别是英国朋友的影响下，他对核研究的军事应用兴趣日增。劳伦斯提出把他的 37 英寸回旋加速器改装成分离铀同位素的质谱仪。1941 年 3 月，他正式要求布什在财政上支持伯克利搞核研究。7 月 11 日，他给康普顿的委员会递交了一份报告，在美国的核研究史上第一次具体地提出了原子弹的构造："如果有大量的 94 号元素，快中子也可以产生链式反应，这个反应释放能量的速度将是爆炸性的，因而可视为一种'超级炸弹'。"

布里格斯的铀委员会和康普顿的两个报告都未能就原子弹问题作出肯定的推荐。与美国相反，这时英国却对原子弹的前景提出了肯定和乐观的建议。它使布什、科南特以及其他一些美国物理学家感到困扰，认为有必要重新考察整个核研究。布什又一次改组了铀委员会，增加了一名重要的核物理学家，他让科南特找劳伦斯和康普顿会谈，希望劳伦斯为核研究做更多的事情，再次请求康普顿组织国家科学院的物理学家，全面考察核研究。

1941年11月6日，康普顿正式提交了他的委员会的第三个报告，其中写道："全力以赴研制原子弹，对于国家和自由世界的安全是必不可少的……必须认真考虑到，在几年之内，报告描述的原子弹或类似的铀裂变装置的使用，将决定军事上的优势。只要将足够质量的铀－235材料很快地合在一起，就可以产生具有超级摧毁力的裂变炸弹。"报告估计原子弹的临界质量为2～100千克。由于原子弹爆炸时，核反应不能完全进行到底，1千克铀－235爆炸时能产生相当于300吨TNT炸药产生的爆炸力。如果全力以赴的话，原子弹成功的时间为3～4年。

布什接到康普顿的报告后，立即报告罗斯福总统。罗斯福的回答是，如果原子弹是可行的，我们必须首先造出来！

S－1委员会的中心任务是，研究美国能否在战争结束之前造出原子弹。卡耐基大学核研究小组已经证明，快中子在铀中引起核裂变时，80%以上的裂变原子核是铀－235。加州大学伯克利分校的奥本海默根据最新的实验数据，估计原子弹的临界质量为2.5～5千克。

原子弹的另一个关键问题是，能否在短期内获得足够的裂变材料。质量不同的同位素不能用化学方法分离，而且由于铀同位素质量大，而质量差小，分离它们是很困难的。当时美国的科学家已经在研究4种不同的铀同位素分离方法：

（1）扩散法。它利用克劳修斯热平衡原理，把质量不同的同位素分离，美国海军实验室很热心于这一方法。这种方法的缺点是效率太低。

（2）离心法。它利用不同质量的气体在旋转时所受的离心力不同而将同位素分离。原则上它可有很高的效率，哥伦比亚大学的尤里和弗吉尼亚大学的皮姆斯在这方面已经做了很多工作，主要涉及材料和离心泵的问题。

（3）气体扩散法。它利用不同质量的气体穿过一些多孔膜时的透过系数不一样，从而把同位素分离。哥伦比亚大学的邓宁估计，如果让天然铀的氟化物气体通过5000层膜，氟化铀中的铀－235含量可以达到原子弹材料的要求。

（4）电磁分离法。它利用不同质量的带电粒子在磁场中的偏转不同，从而把铀同位素分离。1941年夏，劳伦斯从实验上突破了这一障碍，为铀同位素的大规模电磁分离开辟了道路。

另一种裂变材料钚－239的生产，首先要取决于自持式链式反应堆的建造成功，以及钚－239从铀中的化学分离。费米在哥伦比亚大学用石墨作缓冲剂的"晶格式"指数实验反应堆的中子增殖系数，已达到0.9以上，物理学家们认为这个系数可随材料纯度的提高而增大。另外一种用重水做缓冲剂的反应堆的研究也在进行，核工厂所需要的原料供应没有遇到很大的困难。

1941年初，在北美洲大概存放有2000吨氧化铀，美国和加拿大的铀矿每月能提供几百吨铀产品。S－1委员会估计，最小的原子弹只需不到10千克的铀－235，提炼每千克铀－235需要的氧化铀将少于1吨。一个反应堆也只需要几百吨氧化铀。因此，氧化铀的供应是不成问题的。同时，S－1委员会还筹划为反应堆的研制购买大量的石墨和重水。

1941年12月6日，布什把康普顿等人召到华盛顿，并正式传达了罗斯福总统"全力以赴研制原子弹"的命令。科南特在S－1委员会的会议上宣布，他将作为布什在S－1委员会的私人代表，协调核计划的进展。他同意在4种铀同位素分离方法上同时努力，确保为原子弹研制提供核材料。会议确定了各项具体工程计划的负责人：标准石油公司研究部主任默弗里被委任主管一切与研究有关的工程计划问题；尤里负责铀同位素气体分离的研究；劳伦斯负责铀的电磁分离；康普顿负责反应堆的研制，钚的分离、生产以及快中子和原子弹本身的理论研究。

早在1940年，康普顿就开始在芝加哥大学物理系组织自己的核研究小组，逐步使芝加哥成为美国核研究情报交流中心。他在接到S－1委员会的指示后，立即把芝加哥的核研究小组进行改组，升级成代号为"金属计划"的大研究计划，使其有权调动全美国的核研究力量。康普顿还在物理系建立了一个专门从事核研究的实验室，代号为"金属实验室"，一大批杰出的物理学家应邀到该实验室工作。

美国的核研究计划从此形成了。于是，人类历史上最大的武器——政治联姻——将在未来的几年内实现，原子外交时代将悄然降临人间。人类，包括总统、主席、首相和国王们，都不得不在思维中出现"原子"的影子，它让所有的人不得安生，特别是在漫长的"冷战"时期。

神秘的洛斯阿拉莫斯

原子核裂变被发现的前夕，奥本海默正致力于研究宇宙射线与原子核的相互作用。他听到原子核被劈裂的消息后，立即把自己的注意力转移到这一新发现上，甚至和朋友们谈起它对战争时期物理学研究和战争本身的影响。

1942 年春天，奥本海默应康普顿的邀请，到芝加哥大学物理系讨论快中子与核的相互作用和原子弹问题。布赖特辞职以后，他被正式任命为"金属计划"理论部主任。奥本海默反对布赖特那种以过分的保密措施来限制学术自由的做法，鼓励大家进行自由讨论。在伯克利，他组织了一个包括物理学家贝特和泰勒等人在内的学术小组，讨论原子弹模型。考虑到他没有实验和组织经验，康普顿曾专门派另一位物理学家曼西做他的助手。奥本海默凭着自己的敏捷和特有的开朗、谦虚及随和，领导着这个小组取得了远比过去快的进展。奥本海默在 1942 年初，就感到有必要建立一个新的陕研究中心实验室，一方面为核科学家和武器专家提供一个自由讨论的场所，另一方面也便于保密和管理。格罗夫斯请求美国政府批准了这一建议。

1942 年 11 月，奥本海默与格罗夫斯选择洛斯阿拉莫斯作为新的实验基地。洛斯阿拉莫斯在新墨西哥州的一片沙漠环绕的大山之中，距离最近的小镇圣菲大约 50 千米，是一个出口很少的闭塞地方。这里原有一所小学，附近还有不多的农场。当奥本海默他们选定这里后，美国军事工程部和其他军事单位立即开始了紧急的工程建设。奥本海默等一批科学家也带着小型加速器等仪器设备不断地进入实验室。

奥本海默开始时对困难估计不足，认为只要 6 名物理学家和 100 多名工程技术人员就足够了。但到 1945 年时，实验室发展到拥有 2000 多名文职研究人员和 3000 多名军事人员，其中包括 1000 多名科学家。

鉴于大多数科学家都反对实验室的军事化管理，格罗夫斯同意加州大学成为洛斯阿拉莫斯名义上的管理单位和合同保证单位，基地的军队负责实验室建设、后勤供应和安全保障。这就保证了实验室内部的自由学术讨论。奥本海默极力主张学术民主和学术讨论，他认为这是科学研究的基本原则，特别对于军事研究，它是激励优秀科学家创造性的最好方法。在开始时，出于保密考虑，他只允许在他的办公室和格罗夫斯的临时办公室里安装直接对外的电话。但在铁丝网的内部，他反对格罗夫斯提出的在每个实验室配备监视岗的意见，竭力降低军事当局对科学研究的影响。奥本海默鼓励科学家们大胆地讨论原子弹的有关科学问题，提出即使看门人的意见也会对原子弹的成功有一定的帮助。

奥本海默注意倾听任何人的意见，掌握着整个实验进程。有些参与核研究的物理学家后来回忆说，他们自己甚至都不如奥本海默清楚自己工作的细节和进展计划。在很多问题上，都是由于奥本海默的决断才取得突破，保证了原子弹研制时间表的执行。他在科学家、普通职工和政府官员中的威望越来越高。有一个人曾经说过："在洛斯阿拉莫斯建筑工地上，必要时，每个人都愿意为奥比而赴汤蹈火。"

洛斯阿拉莫斯素有"诺贝尔奖获得者集中营"之誉，奥本海默没有获过诺贝尔奖，却拥有如此高的个人威望，担任着这个"集中营"的"营长"。他的组织才能与人格魅力由此可见一斑。

罗斯福总统在 1942 年为原子弹计划批准了 4 亿美元的财政支持，这笔款项分为 2.2 亿的曼哈顿计划研究费用，1.8 亿的原材料采购费用。美国全国都为这个计划作出了牺牲，例如，橡树岭核基地曾一度耗用了美国电力供应的10%。洛斯阿拉莫斯的科学家负责整个计划的协调，他们在交通等方面拥有比国会议员还要高的优先权。在洛斯阿拉莫斯，军队一方面强化安全检查制度，另一方面昼夜为科学家和他们的家属创造良好的生活条件，成为美国历史上科学家和军队最成功的一次合作。

美国还与它的盟国英国和加拿大建立了多种联系和合作，得到了有价值的技术情报和铀原料供应。1943 年，英国派出了以查德威克为首，包括玻尔的核研究小组来到洛斯阿拉莫斯、橡树岭等基地，与美国科学家一起研制原子弹。

原子弹的一个重要问题是如何触发它。在科南特的建议下，美国防卫研究委员会于 1943 年派出了美国军队中最优秀的爆炸专家之一——基斯塔科夫斯基——到洛斯阿拉莫斯从事这方面的研究。最简单的触发办法是，把一个高于临界质量的球形裂变材料分为两块，在发射时利用普通枪机触发装在一个半球后面的普通炸药，炸药的推力在一个方向把一个半球推至与另一个半球相合。裂变材料中一般存在着自发裂变，如果推合时间大大小于自发裂变引起的链式反应的时间，使裂变材料在飞散前达到临界质量，原子弹就会发生爆炸。

来自华盛顿大学的物理学家尼德迈耶曾提出了一个向心爆炸的方案：把不同性质的炸药放在球形裂变材料外部的不同点上，炸药爆炸时，会类似透镜聚焦一样，产生一种向心力，它可以缩小触发时间，延长裂变材料的约束时间。由于枪机触发是成熟的技术，也能满足铀弹的要求，向心法没有能被列入紧急项目，只有尼德迈耶、基斯塔科夫斯基等人坚持小规模地研究。

1944年初，西博格等人发现从铀反应堆生产出来的钚-239，因含有少量的钚-240而有着比铀材料更大的自发裂变本底，它能使材料的链式反应时间常数小于普通枪机的触发时间，其后果是钚弹的裂变材料很可能在发生爆炸以前被气化掉，因而大大地减少甚至消除原子弹的威力。将钚-239从钚-240中分离出来面临的困难，将比分离铀-235的困难更大。这一突如其来的问题有可能使整个原子计划前功尽弃。尼德迈耶大胆地提出用他的向心法来触发钚弹。贝特在理论上估计这种方案是行得通的。

在广泛地听取了各种不同意见后，奥本海默果断地决定，立即采用这个方案，这才使得在美国原子弹研究中占有重要地位的钚弹计划起死回生。

氢弹原理的突破

苏联第一颗原子弹的爆炸成功，对美国的科学家与官方人士来说，都是骇人听闻和出乎意料的事件。在此之前，美国官方认为苏联如果完全依靠自己的力量研制原子弹，可能需要 15～20 年。美国科学家虽然认为苏联有一流的科学家，如果全力以赴工作的话，需要的时间可能会缩短，但他们又认为这种可能性很小，对原子弹的国际控制协议有可能在苏联原子弹出现以前实现。

事实已经很清楚，美国的核垄断被打破了。美国原子能委员会的一些军方代表，如施特劳斯等人，提出了加速研制"超级"原子弹——氢弹——的问题。

关于氢弹结构的具体细节，各个核国家至今仍然严格保密。氢弹的设计与制造要比原子弹复杂得多。下面我们就简要地介绍一下氢弹原理突破的具体过程。

在 20 世纪 20 年代，大多数物理学家都认为原子是由质子和电子组成的。中子被发现后，人们又相信原子核是由一定数量的质子和中子组成的。但实验表明，一些轻原子核的质量并不完全是质子和中子质量的整倍数，而是小一些。根据爱因斯坦著名的质量能量转换公式，原子核质量的这种微小减少意味着，如果能设法用像氢核这样的小原子核合成更大的核的话，那么小核子在合成过程中将会以损失部分质量为代价，放出巨大的能量。一些想象力丰富的物理学家猜测，这可能是行星巨大能量的来源，甚至有人试图用正处于发展过程中的量子力学去定量地计算这个富有挑战性的问题。伽莫夫就是其中之一。

伽莫夫原籍苏联。他在 20 世纪 20 年代时就与英国、德国等西方物理学家有很密切的联系，对行星能量采源问题发生了很大的兴趣，并且在 20 年代末为行星的内部运动勾画出一幅大致的图像：行星的内部处于极高温的状态，元素以离子状态存在着，小的原子核在热运动帮助下克服了静电的排斥力，相互碰撞聚合成大的原子核，同时也放出巨大的能量。这就是现代科学中的核聚变过程。

伽莫夫这种理论模型的实验根据全部来自于天文观测，当时没有人梦想人们有朝一日能够在地球上得到这种高温，从而实现核聚变反应。

1933年，伽莫夫离开苏联来到欧洲，继续从事核反应的理论研究。美国华盛顿州的乔治·华盛顿大学想聘请他去工作，他也希望能建立一个专门研究核聚变和行星问题的研究中心，于是就以此作为他应聘的条件。乔治·华盛顿大学接受了他提出的条件，伽莫夫便于1934年来到了美国。他上任后立即开始网罗人才，进行这方面的研究。泰勒就是在这种背景下去美国的。1935年8月，泰勒应伽莫夫的邀请，来到美国乔治·华盛顿大学，担任理论物理学教授。

伽莫夫认为，首先应该搞清楚热核反应研究的困难，找到努力的方向。他于1938年春组织了一个专门讨论热核反应的讨论会，希望借此机会唤起美国物理学家对热核反应的兴趣。会议正像伽莫夫预计的那样，没有得到明确的结论，但热烈的讨论给了大家以推动和启示。德国核物理学家贝特在会议后短短的几个月内，就为行星的热核反应建立了一个很具体的、令人信服的模型。

贝特系统地研究了物理学家们以前提出的各种热核反应模型，收集和分析了大量有关太阳光谱、天文观测和核物理实验的数据，在此基础上提出了自己的新见解。在他的行星热核反应模型中，四个氢核经过所谓"碳循环"合成一个氦核。在这种核子的重新组合过程中，将有0.7%的质量被转化成各种形式的能量。正是它使太阳光芒四射，为人类提供了无限光明。根据贝特的计算，一些行星的内部温度能高达摄氏2000万度。根据热力学定律，每个原子核的平均动能超过1700电子伏特，由于原子核在这种热平衡状态下不会因碰撞等原因而损失能量，一些原子核将拥有足够的动能去克服原子核之间的静电势，从而实现核聚变反应。贝特假设在行星的内部存在着一些特殊性质的力，阻止了大多数聚变中放出的光量子逃出行星。简单地说，一个辐射量子在"诞生"后平均运动几个毫米就会被吸收掉，吸收辐射量子后的原子核又会放出一个方向无规的新辐射量子。由于这个原因，一个辐射量子要经过1万年的时间才能从太阳的中心"扩散"到太阳的边缘，整个太阳就像一个不透明体，其边缘的温度将大大地小于其中心的温度。贝特计算出太阳的中心温度为摄氏1700万度，太阳的表面温度仅为摄氏6000度，很小的核反应率和极小的辐射量子逃出比率，使得太阳在10亿年中才将1%的氢转化成氦，损失了微乎其微的质量。

贝特的计算和天文观测符合得很好。他指出，人们在地球上不可能得到这样高的温度。即使能使一些原子核发生热核聚变反应，由于反应产生的能量会立即扩散，反应只能维持几个毫秒时间，这只能是爆炸性的反应。由于处于非平衡状态下的原子核在实现核聚变反应前会因碰撞而损失能量，聚变反应所需的温度要比行星中缓慢地进行的反应所需的温度高得多。

一年之后，原子核裂变的研究转移了许多核物理学家的注意力和工作方向，美国的物理学家很快就卷入了旨在军事应用的核裂变研究和原子弹的研制工作。贝特的全部精力都集中到有关原子弹的理论计算上，没有功夫顾及热核反应。泰勒却溶深地被贝特的模型所吸引，幻想能在地球上模拟太阳的内部情况，实现热核反应，使人类可以从取之不尽、用之不竭的水中获得动力和能量。

从1941年起，泰勒就在哥伦比亚大学协助费米研究核裂变。1942年初，费米在反应堆研究上取得了原来预计到的进展，他确信原子弹会成功，对泰勒说："我们现在在原子弹的研制上看到了很乐观的前景，这种核爆炸能否用来触发类似于在太阳中进行的那种反应呢？"泰勒立即认真地研究了这个问题。哥伦比亚大学的物理学家尤里不久前刚发现氢的同位素氘，它比普通的氢多一个中子，在原理上更容易发生聚变反应。于是，泰勒将氘用在他的计算中。由于没有找到合适的模型和缺乏足够的实验数据，泰勒从几个星期的计算中得到了否定的结果，即原子弹爆炸产生的高温不足以触发氢或者氘核的聚变。

1942年春，泰勒应奥本海默和康普顿之邀去芝加哥大学金属实验室和加州大学伯克利分校讨论原子弹的理论问题。在芝加哥，泰勒遇到了另一位热衷于热核聚变反应的物理学家科诺宾斯基。他们合作计算后发现，氘核的聚变反应很可能被原子弹爆炸所产生的高温触发。科诺宾斯基还提出，可以用氢的另一种同位素氚作聚变材料。贝特在与他们讨论时指出，这是降低热核聚变反应所需温度的有效办法。

1942 年夏，奥本海默在伯克利组织了一个有关于中子和原子弹理论讨论会，泰勒在会上兴奋地向大家报告了他们的讨论结果。由于地球上存在着大量的水等含氢物质，奥本海默很担心原子弹爆炸时会触发它们的聚变反应，导致地球的毁灭。他曾专程去密歇根找康普顿讨论了这一可能的危险。

在洛斯阿拉莫斯的初期，奥本海默为了搞清聚变反应的原理和原子弹产生的次级粒子和高温对氢同位素的影响，优先安排了有关聚变的实验，如测量氚的性质，泰勒也埋头于这方面的理论工作。不久之后，由于研制原子弹的任务日益繁重，时间日益紧迫，因此洛斯阿拉莫斯在热核聚变方面的工作被迫停顿下来了。

广岛事件不仅给世界和平带来了阴影，也从心理上挫伤了参加并主持核研究的物理学家，很多人再也不愿意去研究那些威力比原子弹更大的新武器了。对热核聚变反应有很重要见解的贝特和费米，都急于返回到大学的教室和实验室，奥本海默不久后也离开了洛斯阿拉莫斯。在奥本海默的提议下，物理学家布雷德伯里接任洛斯阿拉莫斯实验室主任。实验室一方面继续改进和完善原子弹，另一方面开始向基础科学研究、特别是核物理和高能物理转变。

这时氢弹在技术上的前景也是很暗淡的。贝特估计，即使是用氘和氚作聚变材料，热核聚变反应所需的触发温度也要在摄氏 1 亿度以上，而美国在广岛投下的原子弹爆炸所产生的最高中心温度才达到摄氏 5000 万度。1945 年 11 月，贝特在美国参议院原子能特别委员会作证时说，尽管氢弹可以成为核聚变的一个实际应用，但最重要的是要产生其温度比太阳中心温度高得多的热源，这在目前是难以做到的。

一直致力于揭开热核聚变秘密、模拟太阳内部情况的泰勒认为，现在是开展氢弹研究的好时机。他呼吁："实际上没有根据将我们的注意力只放在现有的原子弹上，它只是首次尝试的结果。……在原子弹这样新的领域里，我们应对新的惊人发展有所准备。"他指出，物理学家们的努力可使我们对氢弹的认识逐步清晰，并走原子弹走过的同样的道路。泰勒提出，如果洛斯阿拉莫斯实验室同意他的氢弹研究计划，他可以留下来担任理论部主任。布雷德伯里则认为，原子弹是在战争情况下研制出来的，尚未真正成为一件可信赖的实用武器，美国国防需要的是完善后的原子弹。因此，他不想将日益减少的人力物力投到前途尚很暗淡的氢弹研究方面。

布雷德伯里很希望泰勒能够担任贝特原来的职务——理论小组负责人，他们二人之间进行了一次极不友好的谈话。泰勒用他所常用的那种咄咄逼人的口吻说："我还得看一看，什么更好些，究竟是试验十几个普通的原子弹呢，还是致力于热核问题的全面研究！"

布雷德伯里也没好气地回答说："很遗憾，这个问题正像您应该知道的那样，是不在讨论范围以内的。"

于是，泰勒拒绝了他的邀请，回到芝加哥大学，一边从事教学和培养研究生，一边继续进行氢弹的研究。

1946 年，奥地利物理学家瑟林从基础物理学研究出发，探讨了氢弹的问题，并把其结论发表在一份科普杂志上。瑟林在文章中首先追述了用人工实现粒子之间的相互作用问题，分析了热核聚变反应所需要的条件，特别是能量和温度。他将可能的核聚变反应分成三类：

氘–氚反应。把氚放在钚弹的外围，钚弹爆炸后的碎片带有 1 亿电子伏特的能量，它们在出射过程中可能会与氘碰撞而传递一部分能量给氘，后者将通过氘–氚反应产生氦核和一个中子，同时释放出 300 万电子伏特左右的能量。

钚–氘弹。将钚与氘混合在一起，氘有很大的机会与裂变碎片直接碰撞；聚变反应的几率因此而增大。这种炸弹的困难很难将原料的临界体积减小，将核反应维持在一定的时间内，从而限制和减小了核弹的威力和效率。

锂–氢弹。锂的原子量为 7，原子序数为 3。在几百万度的高温下，锂核会与氢核发生作用产生一个质量数为 8、电荷数为 4 的中间核，这个中间核立即会衰变成两个氦核，同时放出 1700 万电子伏特的能量。锂和氢都是可以在工业规模上生产的，它将使氢弹的造价降低，而它的单位质量的爆炸力将比原子弹大 1000 倍。瑟林想象将触发热核聚变反应的原子弹做成一个中空球壳，聚变材料放在它的中心，原子弹爆炸时产生的高温将足够触发氢弹的爆炸。瑟林认为它将是氢弹研究的方向和希望。

瑟林的目的本来在于介绍物理学的新发展，但就是这个粗略的讨论却很正确地指出了氢弹的发展方向。

中国的核武器

20 世纪 50 年代初，刚刚从战争的废墟中站起来的中国人民渴望和平地建设自己的家园，但极其严峻的形势也摆到了年轻的共和国面前：一方面，人民政府接收的是一个旧中国遗留下来的烂摊子，科技与经济十分落后，百废待兴；另一方面，帝国主义不甘心其侵略政策在中国的彻底失败，除了在经济技术上对新中国进行全面封锁外，还在军事上严重地威胁着我国的安全。1950 年 6 月，美国发动了侵略朝鲜的战争，并且不顾中国政府的严重警告，把战火烧到鸭绿江边。6 月 27 日，美国又悍然宣布派第七舰队侵入台湾海峡，武装侵略中国领土台湾。美国依仗手中的核武器，横行霸道。有的好战分子甚至叫嚣要对中国发动核战争，进行核恐吓。

在手持核武器的帝国主义面前，中国人民深深懂得，要反对核战争，粉碎核讹诈，保卫祖国安全，维护世界和平，中国就一定要有强大的国防，一定要有自己的核武器。但是，旧中国在原子能方面只有为数不多的科学家在专门研究机构中从事研究工作。中国的核武器研制工作的起步异常艰难。

1946 年，由于物理学家严济慈、钱三强的推荐，在法国国立科学研究中心的资助下，在上海中法大学镭学研究所工作的放射化学家杨承宗，进入了著名的法国巴黎大学镭学研究所，师从约里奥·居里夫人深造放射化学。解放初期，周恩来号召国外留学生回国参加祖国建设。杨承宗正好完成学业，两次拍电报给先期回国的物理学家钱三强，要求回国，报效生他养他的祖国，实现自己崇高的理想。临行前，约里奥·居里先生对他说："你回去告诉毛泽东，你们要反对原子弹，就必须有自己的原子弹。原子弹也并不是那么可怕，原子弹的基本原理也不是美国人发明的。"约里奥·居里的话语不多，但充满了鼓舞的力量。他相信自己的学生，也相信中国可以而且一定会制造出原子弹。约里奥·居里夫人还将亲手制作的 10 克含微量镭盐的标准源送给杨承宗，在核研究方面给予中国具体的帮助。

1955 年初，中国发展原子能事业的决策工作开始了。周恩来约见钱三强、李四光和刘杰等人，详细询问了中国核科学的研究人员和设备、资源等情况，还向他们了解发展核能技术所需要的条件等。

政治局经过讨论，通过了原子能发展计划，代号为"02"。

1949 年 11 月 1 日，南京中央研究院与北平研究院合并，成立了中国科学院，中国政府邀请海内外华人科学家帮助创建现代化的科研机构。科学院以外的一些学术团体，如中国物理学会，也积极参加研究工作。该学会约有 570 名成员，其中包括 10 名积极从事核科技研究的科学家，他们是钱三强、王淦昌、彭桓武、何泽慧、赵忠尧、邓稼先、朱洪元、杨澄中、杨承宗、戴传曾。在以后的几年里，一些在国外学习、工作的科学家，如张文裕、汪德昭、王承书、李整武、谢家麟等也陆续回到祖国；还有原来分散在各高校工作的朱光亚、胡济民、虞福春、卢鹤绂、吴征铠、周光召等都被组织起来了。

1950 年上半年，中国科学院重新组建其下属的各研究所，新成立了一些研究机构，近代物理研究所就是其中之一，吴有训、钱三强分别担任该研究所的所长和副所长。6 月，这些学术带头人决定重点开展原子核研究。中国政府也要求外交部有选择地邀请一些外国专家访问中国，帮助中国进行建设，其中包括科学技术现代化建设。在以后的几年里，核物理研究继续被列为国家的研究重点，并支持近代物理研究所从事这一领域的研究工作。同时，加速培养这方面的专门人才，逐步形成一支比较强大的骨干队伍。

同年，经周恩来同苏联驻华大使尤金多次谈判，苏联政府正式通知中国政府，在和平利用原子能方面提供一座 7000 千瓦的重水型实验反应堆和直径为 1.2 米的回旋加速器，并接受科学技术人员去苏联实习。

1956 年 4 月，周恩来对当时担任军委总干部部第一副部长的宋任穷说，要从军队里调一个中央委员出来加强地质战线。宋任穷思考了两天，毛遂自荐，对周恩来说："就把我调出来吧。"周恩来在 1956 年 7 月向中央作的《关于原子能建设问题》的报告中，提出成立"原子能事业部"的建议。毛泽东同意周恩来的意见。1956 年 11 月，国务院正式提交一届人大常委会议通过，决定成立第三机械工业部（1958 年 2 月改为第二机械工业部），任命宋任穷为部长，副部长是刘杰、刘伟、雷荣天、钱三强，后来又增加了袁成隆。

从此之后，中国的原子能发展事业正式踏上了征途。

五十年代末和六十年代初，由于中苏关系破裂，中国"大跃进"政策失误和国内自然灾害的影响，国民经济进入严重困难时期，尖端武器的研制该"下马"还是"上马"的议论越来越多，越来越公开化。有人认为，国家处于特别困难的时期，肚子都填不饱，就不要花那么多钱去搞一时看不见摸不着的尖端武器了，原子弹、导弹的研制工作应该停止。有人认为，原子弹、导弹应该搞，但是国家现在太困准，尖端武器的研制工作应该放慢速度。

　　陈毅说："即使当了裤子，也要把原子弹搞出来。"

　　时任国防科工委主任的聂荣臻先后两次向中共中央和毛泽东、周恩来等领导人写报告，明确提出"两弹一星"必须坚持攻关。

　　中央专委在周恩来主持下，3 年内召开 9 次会议，卓有成效地组织了原子弹、导弹研制工作中的协作攻关等问题。

　　为了给我国第一颗原子弹起一个代号，物理学家朱光亚提议并经核武器研究所所长李觉同意，把苏联来信拒绝提供原子弹教学模型和图纸资料的日期——1959 年 6 月，作为我国第一颗原子弹的代号，即"596"。

　　中国研制核武器胜利在望，少数大国为了保持核垄断的地位，不愿看到中国拥有核武器，想方设法进行阻挠和破坏。

　　在美、英、苏三国联合遏制中国进行核试验的大背景下，中国的科技专家们努力工作，发愤图强，在核武器的研究方面取得了一系列重大的突破。到 1964 年夏天，我国终于全面突破了原子弹技术难关，取得了原子弹研制方面的巨大成就。

　　1964 年 8 月初，中国第一颗原子弹开始总装。

　　9 月 1 日，核试验预演结束。当时传来消息，国外可能有人正在策划对中国的核设施进行破坏，以阻止中国掌握核武器。这样，何时爆炸中国第一颗原子弹，便更加紧迫地提到中共中央和中央专委会的议事日程上来。为此，周恩来于 16、17 日两天主持召开中央专委会第九次会议，听取张爱萍、刘西尧关于原子弹预演情况的汇报，综合分析国际形势，慎重研究正式试验的时机。周恩来综合大家意见，提出两个方案：一是早试，将在本月下旬定出准确时间；二是晚试，先抓三线研制基地的建设，选择机会再试。他说："我们要设想一下原子弹炸响后的情况，再决定爆炸试验的时间，国庆前再确定时间。"周恩来本人倾向于早试。无论早试还是晚试，准备工作不能有丝毫松懈。至于核试验的具体时间，待报请中共中央政治局常委和毛泽东作最后决定。

9月21日，周恩来致信毛泽东，请示爆炸的时间。当晚，毛泽东在信上批示："已阅，拟即办。"

9月22日，周恩来在毛泽东、刘少奇等参加的中共中央政治局常委扩大会议上汇报了首次核试验的准备工作和中央专委会的试验方案。会议作出了早试的明确决定。

9月23日，周恩来召集聂荣臻、贺龙、陈毅、张爱萍、刘杰、刘西尧等开会，传达中共中央政治局常委扩大会议的决定。他兴奋地向大家说：我向毛主席和少奇等同志作了汇报，他们同意第一方案。原子弹的确是吓人的，主席更大的战略想法是，既然是吓人的，就早响。这样，任务更重了，不是更轻了。试验的时间看来需在20天以后了。10月有4次好天气，中旬可能赶上也可能赶不上，还有下旬一次；11月上旬还有一次，到11月下旬就不好了。要把风向、放射性微尘飞散距离详细计算，搞出资料。原子弹响了，影响就大了。万一不响，后果如何，还要找参加核试验的专家进行专门研究。

周恩来还指出，为了防备敌人万一进行破坏，由总参谋部和空军研究，作出严密的防空部署；由刘杰负责组织关键技术资料、仪器设备的安全转移；由陈毅组织外交部进行对外宣传工作的准备；张爱萍、刘西尧赶赴试验现场组织指挥；除他自己和贺龙、罗瑞卿亲自抓以外，刘杰在北京主持由二机部、国防科委组成的联合办公室，负责北京，与试验场的联络；要规定一些暗语、密码。他还郑重地叮嘱："一定要保护好我们自己的专家，东西要转移保存下一部分。不是破釜沉舟，一锤子买卖。"

尽管进行了这样周到细致的准备，但仍有相当的风险。万一试验失败，消息泄露，将造成不利影响。为了绝对保守原子弹试验的秘密，周恩来对与会人员规定了严格的保密纪律。他说："希望你们对家里人也不说，不要一高兴就说出去。邓颖超同志是老党员、中央委员，不该说的我不向她说。任何人不该知道的，不要知道。"他还对后到会的陈毅说："你可不能讲啊！"陈毅知道周恩来是提醒他在以外长身份接待外宾时不能说了出去。他操着四川口音爽快地回答："我不讲哇！"

张爱萍和刘西尧返回西北核试验现场，将周恩来的指示传达给现场上万人员。周恩来以身作则的表率行为，使大家受到深刻的教育，有效地保证了第一次核试验没有发生一起泄密事件。

根据气象情况，周恩来将核爆炸的零时选定为1964年10月16日15时，并得到了毛泽东的批准。当基地的人们知道这个确切的时间后，他们想起了一个有趣的故事。

基地有一个姓杨的技术员，在1964年10月1日国庆节的前一天晚上做了一个梦。当他醒来后，冲出帐篷，大喊道："党中央已经审定通过爆炸时间了！"当别人问他是怎么回事时，他激动地喊着："我梦见党中央已经确定了爆炸时间，它包括3个'十五'。"

当时无人能说得清楚，这3个"十五"究竟代表什么意思。现在这个梦有了比较能够自圆其说的解释：第一个"十五"表示中华人民共和国成立15周年；第二个"十五"表示从10月1日起往后数15天即10月16日；第三个"十五"表示原子弹将在那天的15时爆炸。

也许是纯属巧合，也许是后人的编排。不管这个梦是真是假，它已经成为中国核武器发展史上的一段趣话了。

10月14日13时，原子弹静卧在铁塔上那个纯金属构造的银灰色小屋里。这个铁塔由8467个构件组成，高102米，重70吨，在耀眼的金色阳光辉映下，傲然挺立。

10月15日15时，有关技术人员完成了原子弹核心部件的装配和几道关键的工序。现场总指挥张爱萍带领技术人员作最后一次检查。离开铁塔时，他有点恋恋不舍，便取下相机，想拍张照片留念，但又考虑到现场不准个人拍照，自己不能违例，他就没有拍照，没有留下自己在那伟大的历史时刻的身影。当将军后来回顾当时的情景时，仍然感到有点遗憾。

围着铁塔，在约60公里的范围内，呈放射状地摆列着近百项效应工程和实物：飞机、军舰、大炮、坦克、装甲车、桥梁、铁路、战时工事和民用楼房，还有马、狗、猴子、老鼠、种子以及各种测试仪器设备等。真像一个大千世界，应有尽有。

罗布泊戎装待命，静候震撼世界的庄严时刻。

10月16日凌晨6时30分，一切不必要留下来的人员撤离现场。现场指挥所设在离爆心23千米外的孔雀河畔的山坡——"721"高地，指挥这次具有历史意义的核试验。

下午，李觉、张蕴钰和两位工程师最后一次来到塔上，安装了电引线，作了最后一次检查。当他们在离爆炸零时前 50 分钟回到地面时，周围的人们关心地询问他们为什么比预定的时间晚下来四五分钟，李觉回答："我一定要亲自确认没有任何的差错。"

接着，他们撤离到现场指挥所，李觉把塔的控制装置的钥匙交给了控制室的领导。采取这一安全措施，是为了保证原子弹不能被爆炸塔附近的任何人引爆。这也是爆炸前最后时刻的一个检查环节。

总指挥部的电话全天 24 小时与北京总理办公室的电话接通，张爱萍最后一次报告说："总理，安装工作已经结束，一切顺利，请指示。"

周恩来平静地说："预祝你们成功！"

张爱萍发出最后指令。

在主操纵员读秒到达零时，"起爆"命令发出的一瞬间，只见罗布泊大漠深处出现一道红色的强烈闪光。紧接着，腾空而起一个巨大的火球，犹如出现第二个太阳，天空和大地被照得一片通红。爆炸形成的蘑菇云不断上升扩张，稍后，一阵惊天动地的巨响震耳欲聋，好像要把苍穹撕裂似的。

这时，试验现场欢声雷动，全体参试人员激动万分，热泪盈眶，互致祝贺。

15 时 4 分，张爱萍眼望高耸蓝天的蘑菇云，问王淦昌："这是一次核爆炸吗？"

王淦昌肯定地回答："是的！"

然后，张爱萍给北京的二机部打电话："请找刘杰同志。"

在二机部原子弹试验办公室里，刘杰正和几名干部焦急地等待着。电话铃突然响了，接电话的同志太紧张了，以至把话筒掉到了桌子上。刘杰一把捡起来，听到张爱萍激动的声音："请报告周总理和毛主席，我们的第一颗原子弹爆炸了！"

"再说一遍。"

"原子弹爆炸了，已经看到了蘑菇云！"

"我马上报告！"接着，刘杰抓起了专用电话："我是刘杰，请周总理讲话！"

"我是周恩来！"

"总理，张爱萍同志从试验基地打来了电话，原子弹已经爆炸了，看到了蘑菇云！"

"好，我马上报告毛主席。"

几分钟后，周恩来给刘杰回电话："毛主席指示我们，一定要搞清是不是核爆炸，要让外国人相信！"

刘杰立刻把毛泽东的指示传达给张爱萍。张爱萍回答说，这确实是一次核爆炸，这一点已经被充分证明了。

这时，刘杰不由自主地开始抖动，他又给周恩来打了电话："我们的第一颗原子弹已经爆炸成功。这是一次成功的核试验！请党中央和毛主席放心。"

张爱萍向周恩来报告后，随即赶赴爆区，检查爆后的各种效应情况。两个多小时后，张爱萍、刘西尧等签发一份经多方专家认定的关于原子弹成功爆炸的报告，将它电告毛泽东、周恩来、林彪、贺龙、罗瑞卿：确实实现了核爆炸，威力估计在 2 万吨 TNT 当量以上。

张爱萍这位儒将诗兴大发，怀着喜悦的心情，欣然吟出《清平乐·我国首次原子弹爆炸成功》一词：

东风起舞，壮士千军鼓。

苦斗百年今复主，矢志英雄伏虎。

霞光喷射云空，腾起万丈长龙。

春雷震惊寰宇，人间天上欢隆。

是啊，这一欢隆的历史时刻终于来到了！

1964 年 10 月 16 日傍晚 5 时，周恩来陪同毛泽东、刘少奇、朱德、邓小平、董必武、彭真、李富春等党和国家领导人，在人民大会堂接见 3000 多名大型音乐舞蹈史诗《东方红》的演职人员。他满面春风地向大家宣布："同志们，毛主席让我告诉大家一个好消息，我们的第一颗原子弹爆炸成功了！"

中国第一颗原子弹爆炸成功，在国内外引起了强烈反响。在国内，中国人民充满了民族自豪感，对国防力量的增强欢欣鼓舞；在国外，友好国家和团体认为，中国有了原子弹，显示了自力更生的威力，是亚洲历史上的一个辉煌功绩。

矛盾与评估

在西方，特别是在核发电量最大的美国，围绕要不要发展核电的问题，展开过旷日持久的几乎是全民的大辩论。双方各有利益背景，当然也有站在中间纯技术立场上的，其观点各具特色。我们还是先把各种有代表性的意见摆出来，最好不要加进主观的褒贬，让大家从中领略一番美国人有关核辩论的概况，也许还能由彼及此，思考一下我们身边已经发生的或将来有可能发生的事情。

自从海军上将里科弗1954年发起建造世界上第一艘核潜艇，后来在北极冰下成功地航行以后，他又将潜艇上的小型反应堆按比例放大，建成了世界的第一座可输进电网的核电站，核能的商用价值便得到了确认。

1963年在新泽西州建立起51.5万千瓦的核电站。经济分析表明，核电最便宜，从而1965年出现核能在市场上一窝蜂地上马的局面。

因此，20世纪六七十年代是美国核能蓬勃发展的时期。70年代初，有人针对这种情况开始担起心来。他们假定100年后全世界都用核能，那么约需3000个"核公园"；按每园8个反应堆计，遍布世界的24000个反应堆是安全保障的一大问题。

人们提出一系列政治性的疑问：这些"核公园"分布的国家主权和管辖权如何呢？难道一国会允许邻国不采取严密的防范措施就建造这样的核电站吗？任何微小的疏忽都会给邻国的土地和人民带来千百万年的毒害。谁能确保核电站的安全？

有人还提出技术上如何处理热污染问题：电力生产高度集中的"核公园"不仅把大量的废热置入水中，而且会造成大面积的"热岛"。

虽然那些真正需要能源的州赞同修建核电站，但几乎所有的州都反对在本州境内处理核废料。20世纪70年代末期，各州的这种观点就已很明确。1980年，17个州反对美国联邦能源部提出的一个报告，该报告提出了一些适宜处理核废料的地点。

由于核废料问题涉及各州的切身利益，它们劝阻联邦政府不要采取单方面行动。

核废料的运输，这也是一个麻烦问题。

与 20 世纪 50 年代的情况相反，核能在大学校内不受欢迎，而且由于它的前途不稳定，使很多学生不敢进入这个领域。1980 年，获得核子工程学学士学位的学生人数下降 19%，硕士学位的人数才下降 10%。这些情况的出现是从 1979 年 3 月 28 日三里岛核电站发生事故后开始的。

至 1979 年，在美国已有 72 座领有执照的核电反应堆在运转。全世界具规模经济的核能的良好安全记录是其他任何能源工业无法相比拟的。在竞争激烈的地方，新事物往往是要经受各种非议和挑剔的。

三里岛发生的一次并未为外界觉察的事故，使核能的命运开始不妙起来。

当宣传媒介知道这一事故以后，反核活动分子耸人听闻地对核能大加挞伐。

从此出现了两极分化的核能政治。

一方面是亲核分子低估低度辐射的危险的倾向，他们担心公众因对辐射危害的惊恐而拒绝使用核能，或者为避免增加防护措施的花费，夸张它的优点，而掩盖其缺点。

另一方面是反核分子，夸张低度辐射的危险性，夸张核电站意外事故的严重性，对所有将来的核能发展计划都持否定态度，而没有认识到其他能源的不良后果。

劳伦斯研究所一副所长认为："所有对某种能源最经济的学院式辩论都是没有用的。"

美国核协会环境科学部主任则说："普通民众受不负责任的新闻工作人员所操纵。其实，在辐射方面来来说，我们必须认识到 $\frac{1}{30 \times 10^{16}}$ 致癌可能性，危害是极其微小的。"

"氢弹之父"泰勒博士也出来说话："工业用反应堆非常安全，我们目前仍不知道在美国有任何人的健康曾被这种反应堆的核部分所伤害。"

在美国的有关核能的辩论中，比较实质性的争论焦点核废料处理问题。

有些人反对建立核废料处理场所，也不希望高或低辐射废物经过他们的街道或储存在他们居住地的附近地方。核电站每年有 1/3 的堆芯或约 30 吨的核废料必须更换及处理。而现在这些用过的燃料捧，只能堆积在各核电站所在地。

有人怀疑：高放射废料在几万年内都是个难题。钚的半衰期 2.4 万年，因此需要 50 万年才会变成无害。任何人造结构物在时常变动的社会结构与战争、革命及社会动乱的变迁中，能将高放射废料隔离几万年吗？

但美国政府与工业界的科学家则十分坦然，认为核废料可以贮存于地层结构下，如盐矿层或花岗岩层中。这些结构在经过亿万年以后仍保持非常稳定的状态，远长于高放废料的生命期。例如，在美国西南部有盐矿的存在，就足以很好地证明它们自恐龙时代以来一直没有受地下水的影响（因为水很容易将盐溶解），而地下水可将辐射产物带回生态环境。这些盐层是在亿万年以前远古的海洋干涸时形成的。因此作为核废料的贮存所是很安全的。

另外，对废物本身的处理法如采用玻璃融封罐是否可靠，人们也提出了怀疑：剩余辐射的放热反应可能会分解玻璃。有人则认为这不是个问题，因为盐有高传导系数，它们可将罐内废物产生的热很快传导扩散出去。

不论处理核废料问题是技术问题还是政治问题，在美国正式开辟一个永久废料储存场所前，这场争论不会有完结。但有些专家则认为，实施计划的主要绊脚石，是政治上的而非技术上的障碍，他们断定核废料可与生态环境隔离几十万年而不会产生危害。

他们提出一个论据，认为自然界已经为我们提供了一个例子证明辐射废料可在几百万年间不被移动。位于西非加蓬共和国的欧克洛（Oklo）的铀矿核裂变产物，经考证，是远古时代亿万年前自然核反应堆运转的结果。地下水曾将铀矿浸透而将产生的中子减速并形成一个小型的核连锁反应堆。虽然经过漫长的地质年代，已经全变成了核裂变产物，但是大部分放射性核素仍保持未动。这个例子证明，放射性核素在自然界中迁移的可能性有限。

拥护与反对建立核电站两方面争论的结果，促使新建核电站的成本发生急剧变化，因此核能是否经济又重新出现了问题。建设一个核电站，在 20 世纪 60 年代只需要两亿美元，到了 80 年代几乎上涨 20 倍。所以 80 年代初，核电制造商未收到任何新的订单。这就是外界获悉美国核电"死讯"的原因。

人们十分忧虑。

尽管如此，1980 年末的哈里斯民意调查发现，人们对核能的态度是正反两面平衡，赞成及反对者各占 47%，其余未定。后来，核能在能源供应上有最高的增长率，比煤高 25%，这种大幅度增长的原因在于：核能安全地提供廉价的电力。

虽然反核势力不肯妥协，核能复原的征兆还是在抬头，这正如美国人在估计摒弃核能的后果时指出的："在未来几十年中，节约能源与采用煤作为代替核能的主要替代品，两种选择中的任何一种都不便宜。摒弃核能会进一步使美国经济增长减慢，摒弃核能产生的巨额经济损失可能在 3000～12000 亿美元之间。"

现在，美国已投身于一项新的能源战略，其中包括逐步增加对核能的依赖。前总统布什批准了一项旨在未来 10 年内大幅度减少美国对石油依赖的能源总体计划，该计划显示出美国在减少"温室"气体，促进核能发展以满足其电力需求的决心。

这一项美国国家能源战略是 1991 年 2 月下旬公布的。1985 年以来，美国的石油进口量持续稳步上升，当时已占到总消费量的 42%。

这一战略，号召节约能源和增加能源生产。为此，

——将精简法规，以加速天然气、石油和水力电厂以及核电厂的建设；

——通过改革核电厂和核废料处置厂址许可证颁发手续，开发"下一代"安全反应堆的新型设计方案，来鼓励更多地利用核能。

这些措施使得核工业界能够通过降低发电成本，增加核电厂的安全性和可靠性来满足电力需求。到 2010 年，核能发电量将比 90 年代初规划多 10%。

这份战略文件断言：到 2030 年，美国新增发电量中的大部分可以用清洁而安全的核能来满足。前提是：①原先的核电厂运行寿命延长；②在规划新的发电能力时，能源界的决策人物能再次从技术上、政治上、经济上研究"核电选择"的可行性。

透过布什要求 1992 年用于核能的研究经费比 1991 年增加 18%、用于节能和可再生能源技术的研究经费增加 17%，美国能源专家们看到了实施新能源战略的第一个信号，因而受到了鼓舞。

核安全分析

综合各方面的情况来看，核电是安全和干净的能源。

被有些人描绘得十分可怕的放射性危害，说穿了，真是微乎其微。核电站附近的居民每年所受放射性剂量只有 0.3 毫雷姆。如果要给大家一个感性上的对比，那么一个人若抽 1 支烟的话，就相当于吸收 5 毫雷姆，透视一次 X 光所受的放射性剂量是 20～100 毫雷姆，坐一小时飞机所受的放射性剂量是 0.5 毫雷姆。从这些数字就充分说明，把核电站的放射性危害视若洪水猛兽，是不必要的。

我们在前面指出煤炭作为能源的缺点，并不是想在目前就取消这种传统能源。相反，现阶段煤炭仍是包括中国在内的世界的主要能源之一。中国在制定技术政策时，还需要确定大力建设以山西为中心的煤炭能源基地。但是，在必须发展核能的地方和时候，科学工作者就要不失时机地为决策提供科学的论证。

核电的各种材料来源中，虽然也有类似煤炭在生产中出现的对环境的危害，可是由于核燃料的能量高度密集，使其危害的范围要小得多，人们对此综合地作过考察。1982 年瑞士由于使用核电站，全国的整个能源系统排放 CO_2 减少了 1/4 左右。

但目前当我们在选择电站时，听到的对燃煤火电的指责远少于考虑核电时遭到的非难，这是人们受传统观念束缚的一个具体反映。

现在，我们就要比较深入地分析一下核电的安全性能，并且要在同其他能源系统作比较以后进行综合评价。

核电的安全性究竟怎样呢？为了解决这个问题，有些国家的核电站对外开放，组织人们参观。实际情况说明，核电不但是安全的，而且它的危险性比其他许多能源都小。

核电站反应堆的核装料部分决不会发生原子弹那种爆炸，它的潜在危险是强放射性裂变产物的泄漏，造成对周围环境的污染。

原子弹是由高浓度的（大于93%）裂变物质铀–235或钚–239和复杂而精密的引爆系统所组成。通过引爆系统把裂变物质压紧在一起，达到超临界体积，于是瞬时形成剧烈的不受控制的链式裂变反应，在极短时间内，释放了巨大的核能，产生了核爆炸。而反应堆的结构和特性与原子弹完全不同。反应堆大都采用低浓度裂变物质作燃料，而且这些燃料都分散布置在反应堆内，在任何情况下，都不能像原子弹那样把燃料压紧在一起而发生核爆炸。而且，反应堆还有各种安全控制手段，来实现受控的链式裂变反应。在设计上总是使反应堆具有自稳定特性，即当核能意外释放太快，堆芯温度上升太高时，链式裂变反应自行减弱乃至停止。因此，在任何情况下，反应堆的核燃料部分决不可能发生原子弹那种核爆炸。

针对核电站的危险，为防止事故的发生，在设计中，采取了种种安全措施，其主要出发点是防止燃料元件的不正常温度升高和阻止裂变产物大量逸散到环境中去。如果能做到这两点，也就保证了核电站的安全。安全的具体措施如下：

（1）为了防止放射性物质的泄漏，核电站设置了四道安全屏障。

第一道屏障是核燃料芯块。

第二道屏障是锆合金包壳管。

第三道屏障是压力容器和封闭的一回路系统。

第四道屏障是安全壳厂房。由于有安全壳厂房的屏障，对厂房外的环境和人员的影响微乎其微。

（2）可靠的控制保护系统。

当反应堆的功率过高，温度上升较快，中子数增加需用的时间太短，冷却剂流量过低时，通过控制系统可迅速实现停堆，或降低功率以免损坏堆芯。还可以采用流量控制、化学补偿和液体毒物来实现控制保护。仪表、信号和控制电路都工作在可靠的状态，对重要的参数，有三套独立的监测控制装置，并按照一定的原则动作。这样既能确保事故停堆，又可避免因仪器故障引起的误动作。

（3）可靠的冷却系统。

该系统可保证反应堆在正常工作状态或发生事故时将燃料发生的热量带走，避免燃料元件烧毁。例如，轻水堆失去冷却水的事故是假想的严重事故。

如果管道破裂，其中最严重的情况是一回路最大直径的管道破裂，造成两个断口涌出，致使反应堆失水。堆芯将要烧坏，大量的放射性物质可能释放到安全壳内。此时，反应堆自动紧急停闭，多重安全设施立即起保护作用：其一，由于一回路的压力陡降，应急堆芯冷却系统中的安全注水箱立即自动顶开逆止阀门，向一回路紧急注水，补偿系统中流失的冷却剂；其二，与此同时，应急堆芯冷却系统中的高、低压安全注水泵相继起动，把贮水箱中的水连续注入反应堆一回路，保证堆芯得到水的淹没和冷却。安全壳喷淋泵也同时起动，把水喷入安全壳内，使壳内水汽冷凝，压力下降，放射性物质被水吸收；其三，贮水箱中的水用完后，安全注水泵立即改从安全壳地坑吸水，再循环注入反应堆，确保长时间冷却需要。耐压的安全壳厂房始终保持严格密封，不使放射性物质泄漏。

核电站的设计和制造标准比常规工业要高得多，并且，为达到这些标准而实施的质量控制和质量保证也要严密得多。核电站甚至以可能性极小的假想的最严重事故作为安全设计的依据，并加以纵深层层设防，确保安全。核电站是现代科学技术综合发展的产物，它的科学设计、精心制造、可靠的运行和多重安全措施使之发生重大事故的可能性比其他自然或人为灾害（如飞机失事、火灾、地震、水坝决口、飓、风等）要小得多。

究竟哪一种能源系统对人类的健康造成的危险性更大呢？回答这一问题不能只从其大小和外观来看，必须用单位能量所造成的危险——即对人类健康造成的总危险除以该能源系统产生的净能量来衡量。同时，还要考虑到全部能量的循环，如果仅仅计算和比较部分系统造成的危险性是不能说明问题的。

总的危险性是根据该能源系统所引起的死亡、创伤和疾病来评定的，同时要考虑能量生产的全过程，包括开始阶段、中间阶段和最后阶段。例如，对核电站和太阳能收集器，不仅要考虑建造和运行过程的危险性，而且还要考虑开采所需的沙、铜、铁、铀和其他原材料，以及把它们造成玻璃、铜管、核燃料棒、钢材等过程中的危险性，还要考虑运输中的危险性。

将核能、煤、石油和天然气等能源系统生产单位能量所造成的危险性进行比较，可以发现，核电站比烧油或烧煤电站的危险性要低得多。同时，计算结果表明：太阳能、风能、海洋能及乙醇等多数非常规能源系统的总危险性比常规能源系统（煤、石油、天然气、水电等）和核电的大。

在 11 种能源系统中，天然气发电的危险性最低，其次是核电站，第三是非常规的海洋温差发电系统。其他大多数非常规能源系统都有很多的危险性。但所有能源系统中最高的是煤和石油，其危险性大约为天然气的 400 倍。

　　非常规能源系统有较大的危险性，是因为它们的单位能量输出需要大量的材料和劳动。太阳能和风能是发散性的能，很微弱，要积聚大量的能量需要相当大的收集系统和贮存系统。而煤、石油及核能系统属于集中形式的能，需要设备不多。天然气需要的材料最少，建造时间也最短，风能需要材料最多，太阳能光电池需要的建造时间最长。非常规能源系统需要大量的材料，这意味着要进行开采、运输、加工和建造等大量的工业活动。而每种工业活动都会造成一定的危险性，把所有危险性加起来，这些非常规能源系统的危险性就相当大了。

　　与许多人的直觉相反，非常规能源系统，如太阳能和风能发出每单位能量对人类健康的危险性，比常规能源系统（如天然气）和核电站要高得多。

　　下面将就很多人关心的核电厂运行安全及其管理作一叙述：

运行安全要素分解

　　从运行的角度来看，核电厂可以分为机组、操纵员、管理层三大部分，其中管理层包括领导和职能部门。管理层同时掌握着机组和操纵员，但是管理层不能直接干预机组的运行，只有操纵员才能改变机组的运行状态，因而形成了三个方面和两个关系：一边是操纵员与机组的关系，即人机接口；另一边是管理层与操纵员的关系，即人人关系。这样，运行安全研究与管理必须综合考虑上述三方面和两个关系。

　　根据历史经验，运行安全问题主要是人因，操纵员自然是运行安全研究与管理的中心。通俗地说，电厂的一切理应围着操纵员传。与操作员有关的要素有人员选拔考核、初始培训、后续培训、任务分配和奖惩激励，其中任务分配是运行班组内部的人人关系。总的目标是要有一个合格的能胜任的操纵员运行班组。

　　机组作为电厂实体，为操作员提供运行的物质环境。机组一般要经历设计、制造、施工、安装、调试、维修等几大过程。其中设计制造将赋予机组足够的安全裕度和可靠性，以忍受一定程度的故障和人为差错。在运行阶段，维修是关键点，它保证机组处于设计所规定的正常状况。与运行安全有关的机组要素包括电厂布局、标识、色彩编码、物质条件和清洁度等。同时，还要考虑高温、噪音、电气、化学等对操纵员伤害的。工业安全因素。

管理是操纵员所必需的环境，它与物质环境同等重要。管理就是服务，它包括政策、制度、大纲、计划、协调、保障等六大方面。

在人机接口方面，应当关心的问题有主控室设计（实体布局与环境条件）、辅助诊断手段、模拟机、维修培训设施和运行规程等。

在人人关系方面，应当特别注意的有安全素养培育、管理态度、资源分配、自我学习能力、上下交流渠道等方面。

只有具备了良好的物质环境、管理环境、人事环境，由合格的操纵员掌握，良好的机组才能创造良好的运行记录。

运行安全管理

安全是不能直接管理的，我们只能管理促进安全所必需的电厂条件，其中也包括高层管理人员对安全的态度和承诺，推进全厂的安全素养。

由于核电发展阶段上的原因，以及人力物力智力的，限制，到目前为止核电厂主管和国家核安全局对核电安全的管理侧重于设计和施工，以及操纵员的取证工作，基本上还是静态的局部的。今后，为适应核电厂投运的形势，安全管理应当将机组、操纵员、管理层三方面，人机、人人两关系都管起来，实现有机的全方位管理。

运行安全管理方法与执照审评过程的管理方法是全然不同的。在"是""非"之间，管理的内容更多的是行政性的而不是技术性的，管理的方法也主要靠对话协商，鼓励业主积极考虑如何改进运行安全。当然，对于严重违章，主管部门仍须辅以一定的制裁措施。

运行安全管理中很重要的一点是，应当设立一定的标准，建立业主表现系统评价大纲，检查业主的管理质量，促进和支持业主建立和维持安全素养。

运行安全问题，只要通过努力，对公众不可信赖的安全性是完全能做到的。

三里岛事故

在没有发生前苏联切尔诺贝利核电事故以前，国外核电站多年运行的情况表明，核设备（包括反应堆主体、燃料元件等）的事故较少，而常规设备（如阀门、泵、蒸汽发生器等非核设备）事故较多。因为对核设备的研制比较重视，例如燃料元件，经过长期的研制后，还在反应堆内外作多种形式的考验，技术上达到了比较成熟的地步。工业上推广的各类核电反应堆的核设备基本上未遇到严重的困难。而常规设备却常出事故，成为核电站停电的主要原因。20 世纪 60 年代初，汽轮机事故曾是核电站的主要事故。20 世纪 70 年代以来，回路设备事故又成为主要因素。如 1972 年内，美国核电站造成停电事故的主要部件是阀门、泵的轴密封和蒸汽发生器，其中蒸汽发生器的事故占总事故次数的 40%，泵和轴密封事故占 20%。

美国宾夕法尼亚州，距首都华盛顿往北约莫两个半小时路程，哈里斯堡附近的三里岛核电站（84 万千瓦），环境幽美，绿树葱葱，河平如镜。1979 年 3 月 28 日日凌晨在这里发生了一次较大的事故。少量放射性物质释放出来，许多人暂时疏散或离开了那一地区。新闻宣传工具对这一事故作了详尽的报道，因此在电站的整个地区及其更远的地区引起了恐慌。鉴于这次事故涉及广大公众利益及对核电站发展的影响，下面需着重叙述一下事故是如何发生的。

三里岛核电站是压水反应堆结构。当时反应堆正在稳定地接近满功率运行，清晨 4 时，蒸汽发生器给水系统出了点毛病（一台把汽轮机冷凝水送回去的给水泵发生了故障），因此汽轮发电机自动脱扣了，控制棒插入反应堆。反应堆功率下降，至此还没有发生什么事故。三台备用给水泵本应供应必要的给水，可是它们没动，正如事后才搞清楚的，那是一个通往蒸汽发生器的阀门错误地关闭了。8 分钟之后才发现这个错误，打开了阀门，但蒸汽发生器已经烧干了。

因此，一次水冷却剂温度和压力增加，顶开了稳压器上的安全阀。这时，冷却剂就跑到一个称之为骤冷箱的容器里去了，骤冷箱是用来凝结和冷却从反应堆系统内释放出来的物质的。两个小时之后操纵员才搞清楚稳压器安全阀卡住了，一直保持开的状态；因此大量冷却剂被释放出来，最后充满了骤冷箱，冷却剂冲破了箱上的安全膜而流出来。含有放射性的冷却水灌进了安全壳厂房，一直流进疏水坑。同时，反应堆压力继续下降。随后，紧急堆芯冷却系统启动了。高压泵把水补进反应堆容器，根据操纵员的观测，看来稳压器已灌满了水，这样它就不起作用了。因此他们决定关闭紧急冷却系统。后来又停了反应堆主泵。这样严重缺水造成堆芯过热并烧干。

虽然产生功率的裂变已经停止了，裂变产物衰变热仍放出大量余热，流过堆芯的冷却剂流量不足以冷却燃料棒，燃料棒受到某种程度的损坏。大量的放射性，特别是氙、氪之类的气体与碘一道从反应堆释放出来。根据设计，系统的疏水泵自动地把放射性水从安全壳抽进隔壁辅助厂房的贮存罐。贮存罐满了，放射性物质经过过滤器跑到大气中去。在没法把水弄回安全壳的过程中又使一部分放射性物质释放到大气中去了。后来反应堆冷却系统终于又恢复了运行，堆芯温度开始下降。然而，有迹象表明，金属和水反应产生了氢。有人认为在反应堆压力容器顶部形成了一个大气泡，其中的气体有可能发生爆炸。所以，千方百计地干了好几天，以防爆炸。但是这个大气泡是否真的存在也说不清楚。放射性气体跑出来不久，就用装在飞机、卡车和附近固定地点的探测器测量了大气污染情况。最准确的估计是任何人所受的最大可能剂量都小于 100 毫雷姆。这个数据是根据一个人在厂区边界连续照射了11 天这样一个假设计算出来的，而透视一次 X 光所受的放射性剂量也就是这个量级。

从三里岛事故我们可以得到几点启示。要想找出所有问题的确切起因未必最重要，但我们可以引出许多重要的结论并评价事故可能产生的后果。这次事故是设计考虑不周、设备故障、操纵员误操作等综合原因造成的。设计上本不该让该射性水有可能抽到安全壳外面去，而且任何人都不知道；此外，应设置监测仪器使操纵员充分了解系统的热工水力状态。设备失效主要是稳压器阀门卡住。这次事故中整个设备运行相当好，但阀门、泵和开关存在许多失效事例。这些故障在制造过程中采取更严格的质量控制，在使用时采取更严各的检验保养是可以消除的。操纵员一而再、再而三地失误操作，包括关闭了给水管线阀门，对稳压力器的状况判断错误，关闭了紧急冷却系统泵和反应堆冷却泵。

反应堆出事故后，他们立即对空气、水、牛奶、鱼、水果、肉类、土壤、河流沉积物等作了近一万个取样检查试验，并对 50 英里范围内的 200 多万居民进行抽查，之后在给总统委员会的一份报告中说："这次事故没有对人们健康造成大的影响"。1985 年 9 月，宾夕法尼亚卫生部公布的——项调查结果指出："事件发生后，没发现附近居民患癌率上升"，人们所受的辐射量"远没有比一次 X 光透视的多"。

三里岛核电站事故造成的经济损失大致如下：电站清理与恢复费用约 4 亿美元；购买火电费用，事故发生后每月为 1800 万美元，到 1979 年 10 月降到 1000 万美元；疏散 8 千米内的 3000 多户家庭（10000 人）的赔款费约 120 万美元，工资损失赔款约 7.7 万美元；核管理委员会，由于该公司从 1978 年 8 月以来发生的 17 项违章操作而罚款约 15.5 万美元。

这次事故的出现，对常规设备受到了重视，制造厂商接受了教训。但其后果所带来的影响，各人的看法很不一致。反对核电站的人认为，这次事故证明了他们的观点，核电站不能确保居民的安全，所以核电站应该统统关闭，至少是停建新堆。而支持核电站的人指出，三里岛事故没有伤一个人，紧急冷却系统发挥了作用，在如此误操作的情况下堆芯状态比预计的要好，这次经验教训会使我们采取新的预防措施并对操纵员加强培训。

核电的发展过程

1986 年 10 月，总部均设在巴黎的国际能源局和经合组织属下的核能源局，分别发表报告，指出整个西欧今后仍会致力发展新能源，尤其是发展核电厂。如果停止发展石油以外的能源，可能在 90 年代再次陷入能源危机。从实际来看，前苏联核电厂发生事故，对欧洲震动最大，但并没有影响欧洲各国续建核电站的计划。例如：联邦德国反对派要求在 10 年内取消核电站，但是政府并不放弃继续新建 5 个电站的计划，到 1990 年，联邦德国核电站发电能力达 2230 万千瓦。

法国也有反核组织，但在民意测验中，支持兴建核电站的占 65%，它将继续兴建 17 个新的核电站。

前苏联计划的核能曾以特别快的速度发展。根据苏联从 1986 年到 2000 年的经济和社会发展的基本方针，苏联到 1990 年生产 14800～18800 亿度电，其中 3900 亿度电来自核电站，约占 20%。同 1985 年相比，到 1990 年通过发展核能节约了 7500 万～9000 万吨标准燃料；苏联解体后，俄罗斯科学家还提出建造地下核电站的方案。

再从日本方面来说，1985 年的核发电能力仅为 2452 万千瓦，占全国总发电能力的 16%；到 20 世纪 80 年代末核发电量达 1590 亿度，占全国总发电量 26%。而其他能源发电量所占比例是：油占 25%、天然气占 21%、水力占 14%、煤占 10%、地热等占 4%。核电占据鳌头，因此，日本电力工业已开始进入以核电为主力的时代。1992 年 6 月的统计表明：日本运行的核电站有 42 座，装机总容量为 3000 万千瓦。

日本核电的发展值得我们注意。

日本电力设备的结构，战前是"水主煤从"，战后从 20 世纪 60 年代初起变成"油主水从、煤从"。20 世纪 70 年代，特别是第一次"石油危机"后，发电用能源向多样化发展。在这一过程中，同油电在整个发电量中的比重下降成正比，核电飞速增长。

核电在日本所以能够异军突起，主要在于核燃料用在发电具有很多优越性。在至今人类能掌握的各种发电能源中，它是最经济、稳定的高效能源。

日本从 1966 年建成第一座核电站以来，核电站从未发生过大的事故。

日本的电力公司非常重视普及核电知识的宣传。在核电站比较集中的地方，都有由他们出资建成的核电展览馆，供市民免费参观，里面有反应堆的模型和显示核发电整个过程的挂图等。看过之后，因不了解核发电而产生的不安，就会消除。日本人民因受过原子弹伤害，对核问题比较敏感。但是由于认识到核电和核弹的区别，在资源缺乏的日本发展核电有利，因此，并不一般地反对建核电站。就是反对建核电站的部分在野党，近些年态度也有变化。

1986 年 7 月 18 日，日本综合能源调查会的原子能部，提出了对 21 世纪日本核电远景的预测报告，根据这一预测，2010 年，日本发电用核反应堆将达 86 座，2030 年，将达 112 座；核发电设备能力，2010 年、2030 年将分别达到当时的 3.5 倍、5.5 倍。过 25～30 年左右，日本用的电，每两度中就有一度是核电。

日本综合能源调查会是通产大臣的咨询机关。它的这个预测报告制定于前苏联切尔诺贝利核电站事故之后，在制定报告过程中，国际油价已经出现大幅度下降。但是这个报告证明，日本并未因为这两个因素而动摇今后发展核电的基本方向。

据日本通产省资源能源厅 1987 年初发表的数字表明，就是在 1986 年日本核电站的开工率达 76.2%，创历史最高水平。

资源能源厅说，1986 年，日本全国运转中的各种类型的核反应堆共有 32 座。平均开工率自 1982 年以来，已连续五年超过 70%。这在西方发达国家中也是高水平的。若同 1985 年统计的开工率相比较，日本的开工率仅次于联邦德国。

最后，再看一看核发电量最多的美国。

美国开发核电已有悠久的历史，据美国能源部 1986 年统计，美国有 100 座核电站在运行，核电站数量居世界第一位。当时还有 27 座正在兴建中。他们长期以来在开发核电方面积累了丰富的经验。美国核电站多年的建设和运行经验证明，核电站事故发生的可能性虽然不能绝对排除，但百分比是微小的。如果在设备和管理方面，严格地按照科学规定办事，事故是可以避免的。

美国核能专家认为，选择优良的核反应堆堆型是确保核电站安全运行的关键。迄今为止，发生严重事故并危及人体安全的，一般都是石墨堆，而压水堆不容易发生严重事故，即使发生事故，由于种种安全措施，放射性物质也不易因外泄而引起对环境的污染和危害人体。

由于经济需要等方面的原因，美国核电站绝大部分都建在人口稠密的城市附近。但是，因为核电站建造者严格遵守核规章委员会制定的安全标准条例，所以核电站从未出现过实际威胁附近城市居民安全的严重事故。美国核规章委员会要求核电站的建造者在提出建造申请时，必须制定相应的安全保障措施。经过核规章委员会严格审查认可后，才发放建站许可证。核电站在建造和运行期间，核规章委员会要定期进行检查，如果发现问题，有权对核电站提出包括停止运行在内的各种要求。

这些，都无疑为世界核电的发展提供了宝贵的经验。

美国、前苏联、日本及欧洲大部分地区的情况是如此，其他地方的个别国家，虽有点变化也就无关大局了。因此，国际原子能机构1987年2月公布的。数字表明，世界核能发，展总的趋势没有受切尔诺贝利事故太大的影响，1986年又有21座核反应堆联网发电，新增加核发电量2094万千瓦。

当切尔诺贝利事故煽起世界性的反核浪潮宁息以后，人们能够比较冷静地对事件作出公正的评价。1987年初，21国欧洲委员会议会就核安全问题举行了听证会。他们拿1986年4月26日切尔诺贝利反应堆发生爆炸和起火，对人的健康造成的已知的和估计会产生的长期影响，与普通电厂同其他辐射源对人们的健康和环境带来的危险作比较。专家们得出了基本一致的看法，认为尽管发生了这次核事故，利用核燃料发电仍然比利用普通燃料发电要安全得多。

前苏联的国家原子能利用委员会副主席说，如果重新用煤和石油等有机燃料来发电，对人们的健康和环境带来的危险将会大大增加。

设在维也纳的国际原子能机构核安全部门的负责人也说："人们现在已认识到'煤和石油燃烧后产生的物质'对我们的环境是一个重大的威胁"。他提到了一例子，一个发电能力为100万千瓦的普通电厂在城市居民中引起死亡的人数和生病的人数可以分别达到3～30人和2000～20000人，而一个发电力相仿的核电厂在正常运转的情况下引起死亡和生病的人数最多分别是一个。

对于核能的安全性已经为国际所公认。

核能的优点是十分鲜明的，其能量密度大，功率高，为其他能源所不及。这就容易使安全装置集中，提高效率。人们往往忽视，功率小设施就分散，即使微小的危险也随之分散而导致经常发生大量不被人发觉的各种事故。

在能量储存方面，核能比太阳能、风能等其他新能源容易储存，后者常常什么时候有，什么时候才能利用，除非安装储存缓冲器，但这种装置目前价格昂贵。核燃料的储存占地不大，在核船舶或核潜艇中，也同样占据不大空间，因为它们两年才换料一次。相反，烧重油或烧煤设备需庞大的储存罐或占地很多。

核电作为一种新兴的能源事业，已在世界能源中占有举足轻重的地位，但它并非十全十美。正像其他任何先进技术一样，核电既能造福于人类，也伴有一定的潜在风险。从对核能的指责声中，我们就听到了一些对生态环境的影响以及其他疑虑。例如，台湾北部核能一、二厂和南部的核三厂，对沿海渔业就有不小的冲击；南湾的珊瑚也因受到废热水浸害而死亡。

其实，无论是核电站还是火电站，都有余热排入环境，因此废热对环境的影响并不是核电站独有的，只是程度上有差别。核电站通过冷却水排入水中的余热要比火电站高约 $35\% \sim 50\%$。

世界上很多国家把核电站建在沿海，利用海水做冷却水，既可为核电站提供无限的冷却水，又比河水能更好地消散余热，减少余热对环境的影响。为了尽可能减少余热对天然水域的影响，人们还采取了不少措施，如制定排放标准，限制排放引起的升温；选择合适的排放位置及排放方式；提高热转换效率；余热利用等。

日本核电站排水温度一般高出海水温度有 $7 \sim 9\mathrm{℃}$，进入海域后扩散很快，温度迅速下降，一般在 $1 \sim 2$ 千米外的水表面温度即降到 $1 \sim 2\mathrm{℃}$，因此对水资源不会带来有害影响。据国外报道，多数核电站附近的捕鱼量没有明显变化，有的地方还有增加。

核电站在投入正常运行时，进入废气、废液和固体废物中的放射性物质只是极少的一部分。核电站设有完善的三废处理系统，可对放射性废物实行有效的处理。在核电站周围还设置许多监测点，定期采集空气、水样、土样和动植物样品进行分析，监督放射性物质对环境的污染。放射性物质很难以有害量进入环境。

因此，担心和忧虑核电站污染环境和破坏生态平衡是不必要的。利用核电站循环水的排水灌溉农田；利用冷却永的余热为温室供热，培养瓜果和鱼类是可以做到的。

最后，从经济上的未定因素来考虑。一座核电站的服役年龄为 30～40 年，退役以后，其费用应当计入核发电的成本中去。

现在，世界上第一个投入使用的美国核电站，已经走完 30 年的运营期而报废。目前世界上已有或正在兴建的 500 多个反应堆，或早或迟也会走到这一步。美国能源部报告，美国到 2005 年有 53 个反应堆、2010 年有 70 个反应堆到期报废。现在看来，处理这些反应堆的成本比刚进入核电时代预计的高，报废日期又比预计日期提前，电站内金属管件受辐射而变脆的情况比当初估计的严重。为此，专家们已开始认真考虑核电站报废问题，提出了下列几种处置方案：

（1）封存处理：从反应堆中移走核燃料，并对辐射进行监控。这些措施实行之初十分简便，但一些专家认为，由于辐射要持续若干世纪，长期持续的警戒和监控，累计成本可能很高，最后还是不得不拆除。

（2）埋葬处理：从反应堆中移走核燃料，加盖一层厚厚的水泥壳，把整个电站区罩起来。苏联切尔诺贝利核电站发生事故后，就是这样处置的。埋葬具有与封存相同的许多优点，但实施中人员会受不同程度的放射性沾染。

（3）拆除处理：优点是无须背上长期警戒和维护的沉重包袱，而且站区随即可作他用，包括建设新的核电站。但问题在于对施工人员可能造成严重的辐射沾染，且拆除成本高。

美国希平波特核电站，成了第一个进行拆除处理方法的试验场。

因此，今后核能工业的发展，我们仍然应该谨慎地先建立核能工业发展的评估制度和严密的管理措施，这样才能使核工业健康发展而免蹈某些国家先行中所犯错误的覆辙。

世界核电工业之所以发展迅速，主要因为它具有较强的经济竞争力、环境污染较小、燃料丰富三个优点。在权衡利弊时，从现代的观点来看，无论如何，利还是大于弊。

目前，人类对核燃料即铀资源的勘探工作还十分有限。但是根据已经发现的天然铀矿，如果用于核发电，足可以使用几千年。

1986 年的另一项重要科技成就是，日本金属矿业团在濑户内海的秀川县成功地建造了世界上第一座用海水提铀的工厂，这座于 4 月下旬投产的提铀厂年产 10 吨铀。海水提铀的工业化，为人类开发海水中数十亿吨铀储量迈出了可贵的第一步。

如果将这项储量考虑在内，那么，广阔的海洋几乎成为核燃料取之不尽的宝藏。

1986 年，是核工业有沉痛教训的一年，也是获得很大成就的一年。

自核电站问世以来，由于工程技术的不断改善使核电站的运行性能不断提高，运行的安全可靠性日趋完善，事故发生率也在下降。这就使得核电站的时间利用率和负荷明显提高，进一步显示了核电站的经济效益和它在各类发电系统中的竞争能力。

诚然，核电技术的先进性和可靠性是确保安全的重要因素，但实行严格的科学管理同样也是确保安全的重要因素，这是人们从这场切尔诺贝利核事故中应该吸取的严重教训。

安全设备的日趋复杂化，促使我们必须把希望寄托在一系列复杂设备运行的安全无误上。那么能不能建造出包含内在安全因素的核反应堆呢？回答应该是肯定的。

瑞典研制成功的"内在过程绝对安全"反应堆就是具有代表性的新型反应堆。它的设计思想是：即使初级冷却系统失灵，堆芯仍能冷却下来。内在安全能保证不用复杂的安全设备，反应堆仍然能安全运转。

核电站的充分安全问题并非是不能解决的。

不可否认，切尔诺贝利事故对核电发展带来某些消极作用。然而，这并不能否定核电的优点。回顾核电的发展史，尤其是从世界性能源发展的长远观点看，核电站的发展前景是美好的。随着工程技术和管理水平的不断改善，必将给核电工业带来新的生机。

我们不妨再就日本的情况来说，这个国家非但没有停止发展核电，而且还着手制订了面向 21 世纪的核电长期战略计划，并以每年投产两座核反应堆的速度增建新的核电站。原因就在于日本已拥有一整套安全防护对策。

日本的安全对策是在"没有安全也就没有原子能利用"的前提下，从原子能发电设备的多重保护设计、国家制定严格的发展原子能发电的安全规则、原子能发电企业采取万全的运营措施、提高操作人员的素质、减少人为的失误、加强地方居民对核电站安全运转的监督和关注为内容，构成一套完整的安全防护体系。

日本在技术上把核反应堆运转过程中在堆内产生和积存的放射性物质全部密封起来，以免有害气体外泄。即使在运转过程中发生事故，也能把放射性物质封闭起来而不影响周围居民的安全。

他们实施多重防护主要包括：

（1）防止发生异常的对策：要求核发电系统在设计上必须留有足够的安全系数，选用的设备和材料必须保证质量，对施工质量也要有严格的要求和验收，发电系统中还配有在部分机器出现异常时能自动确保安全的"安全系统"，和一旦出现操作失误能确保整个系统安全的"连锁装置系统"。对投入运转后的核反应堆和涡轮机实施严格的定期检查。

（2）防止异常事故扩大对策：主要是在设计上配有一套能够自动检测，早期发现多种异常并使核反应堆紧急停止，自动消除余热的系统。

（3）防止放射性物质泄出的对策：配有一套出现异常时使用的反应堆堆芯冷却装置，它由高压注入装置、低压注入装置、反应堆堆芯喷雾器等系统构成。

日本政府不但制定有各种核发电安全对策的规章制度，而且对核电站从设计、兴建到投产后的安全运转都实施积极的监督和干预。设计阶段，通产省首先听取各方专家对所设计核反应堆的安全性进行充分论证，然后由通产大臣发放准许制造的许可证。建设阶段，在对工程设计、施工方法和内容进行认真的审查之后，由通产省授予准建权。一个核电站竣工而未投入运转之前，通产省将对它进行严格的验收。

此外，对管理操作人员也进行严格的挑选和训练。新人进站后，首先要在有经验的操作员的指导和监督下见习一年，然后到操作训练中心参加标准训练课程的学习，才可担任辅机操作员。工作五至六年后，辅机操作员才能作为主机操作员走上关键技术岗位。具有六至七年主机操作员经历，并通过了国家考试者，才有资格被选拔为运转负责人。此外，主机操作员每三年需接受一次运转训练中心的模拟训练，辅机操作员每年需接受三次模拟训练。

为加强核安全的研究，完善核安全对策，日本科学技术厅决定，在核安全委员会内设立核事故分析专门机构。

核事故分析专门机构的任务是，研究如何从组织上保障核设施的安全，经常重新估价安全措施的可靠性，以防止重大事故发生。此外，这个专门机构还要制定紧急情况下的人员撤离方案，对引起事故的错误操作原因进行综合研究。

为加强核安全管理和防范措施，日本科技厅要设立两个咨询系统，一个是国外核事故可能造成对日本污染的预测预报系统；另一个是能够在核事故发生后及时提供切实可行措施的紧急技术建议系统。

预测预报系统以气象数据为依据，要能测出距日本2000～3000千米以内地区的核辐射剂量。紧急技术建议系统要掌握国内所有核成套设备的管道线路图和其他数据，在非常情况下根据这些数据，及时提出如何防止事故扩大及减少放射性污染等技术性建议。

日本科技厅认为，这些机构虽然是一种咨询性质的机构，但是他们可以协助核安全委员会，迅速地为国家制定有效的应急对策。

前苏联切尔诺贝利核电站发生事故后，日本更加清醒地认识到进一步强化安全对策的重要性。他们进一步充实完善国家有关发展核电的各种规章制度，使核电技术标准更加完善。国家对核电站实行有效的监督、管理，制定新的核反应堆的投产、废弃的规定与措施，制定与核燃料循环相应的技术标准。国家还建立专门的机构使安全检查制度化。加强核电企业的管理机能，把确保安全作为企业经营最重要的一环。

日本还开展"官、民、学"三位一体的研究体制，积极推进新的核发电技术和安全防护技术的研究，要做到防患于未然。同时还考虑应急状态下的防护措施，如发展专用机器人。

日本能做到的事情，别的国家也可以去做。核技术终将会成为一门可以使人完全放心的安全技术。

前苏联切尔诺贝利核事故这种坏事正在被各国认真总结教训，逐渐转变为推动本国核电事业健康发展的好事。他们完善了各种有关核能的法规，规定了核能委员会的职能、核能使用部门的职能和监督机构的职能。

在核能领域，由于切尔诺贝利的震动，1986年成了十分活跃的一年，我国还派出记者特意对西欧的核电部门进行考察访问。由于联邦德国核电事业无论在经济技术方面还是设备安全、管理严格方面均堪称楷模，记者对联邦德国核电事业作了一番巡礼，向中国读者提供了许多可作形象思维的感性材料。

对前联邦德国来说，"除了核电之外，没有别的选择"。

从前联邦德国的经验来看，核电除了清洁价廉之外，还有两个被我们曾经忽视的好处：一是推动高技术工业发展，带动相关部门同步发展；二是锻炼一支高水平的科研和建设队伍。以生产电力的多寡和运转率为标准，世界前七位核电站全部在前联邦德国。前联邦德国核电站以其经济效益高、设备可靠和人员专业化程度高著称于世。

前联邦德国的核电事业为人们展示了一个十分可信的现实，事实胜于雄辩；核能的高效及安全，只要人们严肃认真地对待，是可以做到的，是切实可行的。

目前，国际上核电站设计专家为提高核电站的安全系数进行了深入的调查研究。研究方向大体有两个，一是探讨地下核电站的可行性，二是增补地上核电站的保安措施，尤其是对意外险情的防范措施。研究的结果无疑将导致出现更安全的核电站。

对地上核电站安全运营问题的研究，得出了所谓综合保安的设想，并具体化为一些新的设计与运营规则。这些新规则要求，核电站设计者在设计时和操作员在值班时，均应考虑和分析可能导致事故的某些意外情况。现有核电站有一套对付反应堆发生设想有可能发生的故障的技术手段，但是过去美苏核电站事故表明，核电站在运营中会出现一些意想不到的情况，所以新规则要求核电站的设计中要有能够帮助操作员，在出观意外险情时及时排除险情的技术装置。

新规则的另一个重要部分是所谓"双防系统"。现有的核电站都有一个钢筋混凝土防护罩，旨在防止反应堆出故障时其放射性物质逸出而危害附近的人畜和环境。但已发生的核电站事故表明，单有这种防护罩还不行。一旦出现未预料到的情况而罩内压力猛升至 5 个大气压以上，罩本身就可能失去密封性甚至被胀破（爆炸）。新规则要求核电站附设一套可确保操作员使罩内压力及时降至通常水平的技术设备，必要时操作员还可以启动防辐射的过滤装置。这就是新规则所说的"双防系统"。

地下核电站的必要性和可行性问题，已被认定，它比地上核电站更为安全，并且经济和技术上都是可行的。前苏联的核反应堆的防护罩只有 1.6 米厚，反应堆内的熔融核燃料一旦逸出而压到罩壁上，不到 1 小时就会把罩烧毁。在新的"核电站－88"设计中，防护罩也只能耐受 4.6 个大气压的内部压力，电缆、管道等也只能耐受 8 个大气压，而在反应堆核燃料熔融事故中蒸汽与氢的爆炸会产生高达 13～15 个大气压的压力。所以，在未能设计出"绝对安全的反应堆"之前，应将核电站建在地下。目前所说的地下核电站，是把反应堆和控制系统建在石质或半石质地层中的中小型核电站。

据分析，这种地下核电站至少可保证运营中不危害周围环境，不发生切尔诺贝利核电站那种浩劫式的事故后果，而且便于封存寿终正寝的反应堆，减轻地震对核电站的影响。此外，把核电站转入地下还可以使核电站的建设得以在现有技术水平上得到发展，而无须等到"绝对安全"的核电站设计问世之后再发展核电事业。进一步的分析表明，把 4 个机组的 100 万千瓦核电站反应堆和控制系统建在 50 米深的地下，建筑费用只增加 11%～15%，但如果把关闭核电站所需费用算进去，那么地下核电站的造价比地上核电站还要低一些。拿两个机组的 50 万千瓦供热核电站来说，将反应堆设在地下的建筑费用比地上同类核电站多 20%～30%，如把关闭核电站所需费用打进去，则只多 4%～11%。

1995 年底时全球运营中的核电站为 437 个。

正在运行中的核电站，规模上美国居首位，其次为法国、日本、德国、俄罗斯、加拿大。法国核电占法国电力总量的 78.2%，核电开发几乎达到极限。

国际上的分析家早于 1993 年 5 月作了预测，认为以后 10 年内亚洲对核电的需求将激增。

核能开发是世界各国 21 世纪能源战略的发展重点。

核电这门现代高技术产业正以它强大的生命力，克服它前进道路上的种种障碍，茁壮成长，日趋成熟。

水上核电站

在陆地上建核电站，科学家们要考虑陆地的地震、地质条件、居民稠密区等各种情况，问题要考虑的比较复杂。

于是，科学家的视野聚焦到了水上。

在水上建核电站比陆地有着许多优点。

首先，造价低。在同样投资的情况下可以建造更多的核电站。

其次，就是上面所说的。不必考虑地质、人口等诸多因素。

第三是水上工作的条件几乎都一样，没有陆地上因地制宜的问题。

美国西屋电气公司建立了一座漂浮在海上的核电站。是在一个长 130 米、宽 120 米和深 12 米的铁制浮动箱上建造的小型核反应堆。整个核电站重约 16 万吨，浮动，箱浮出水面 3 米，有 9 米处于水下，可以在深 15 米的浅海中漂浮。

核电站的周围设有圆形防波堤，采用 1.7 万多个像星状一样的钢筋混凝土堆垒成的，而在堤的下面还有好多个长 60 米的混凝土沉箱做地基支承着；在堤上还建有水闸，以便让海水进入核电站周围，作为反应堆工作时的冷却用水，当大潮来临，可关上闸。

俄罗斯的专家建造了两个 KPT－40 型反应堆的水上核电站，同水利工程、岸上设施及水上发电机组配套使用。

这种核反应堆是在核动力破冰船上建造的。

水上核电站的特点，本身是不能开走的，但它可以拖走，运到需要的地方去，与岸上的配套设施相连。

这种水上核电站的运转寿命为 40 年。每 13 年需要重新装备一次。与地面核电站相比，它不需要核废料掩埋场，可把核废料放在船内，等 40 年报废后，再对这些核废料按工艺规定处理，不会留下任何问题。

在海上建核电站，人们还惊喜地发现，由于在海上建有较高大的防波堤，还招引来鱼、虾的洄游，便于海洋生物的养殖和捕捞。

科学家们认为，海岸线很长的国家，可以充分利用这一优势，大力发展海上核电站，未来的海面上将会有许多海上"明珠"闪烁。

秦山核电站

如果你站在秦山的制高点上，就会远远看到 1800 米长、9 米高，前后分三层的围海大堤横卧东西。反应堆辅助厂房、核燃料房、主控楼等建筑拔地而起，蔚为壮观，这就是秦山核电站。

秦山核电站，是我国第一座自行设计建造的核电站。连接位于杭州湾畔的海盐县。1985 年 3 月 20 日开始动工，1991 年并网发电。秦山核电站的建设者们，凭着自己的智慧和创新精神，克服了种种困难，完成了举世瞩目的核电站建设工作。

建立一座核电站，是一个需要由 100 个包含着大量设备、部件、仪器、仪表和管线的系统综合组成的大工程，仅反应堆、一回路、二回路等主辅系

统就有 30 多个，再加上相配套的控制、检测等，共有 170 多个系统。其中设备就有 5000 台，仪表 9000 多个，阀门 10000 多个、管线几百千米。

核能专家童鼎昌全面负责核电站的核心设备——原子核反应堆本体和反应堆厂房等设计。在他的组织下，克服了近百个技术难题，工程师和工程技术人员经过了不知多少个不眠之夜，把国外经验与中国的具体实践相结合，采用过滤—蒸发—离子交换三级工艺流程，使排放的废水放射性浓度指数比国外同类指标还低。

为了确保秦山核电站的安全，不使辐射物质有半点漏出，核岛底板两万多平方米的大面积混凝土不能出现丝毫裂缝。核电站技术人员克服种种困难，于 1985 年 6 月浇灌完毕，两年之后不见裂缝，使一些外国专家为之惊叹。

安全壳筒体的施工，也是技术难度很大的工程。安全壳厂房呈圆柱形筒体，穿顶柱高 62.5 米，壁厚 1 米。它是核岛的第三道屏障，质量要求相当高，工程技术人员采用张法预应力混凝土安全壳的结构形式，获得圆满成功。

1986 年，秦山核电站进入了施工的关键性时刻——焊接贯通压力壳、蒸汽器、主泵反应堆的主管道。主管道直径 86 厘米，壁厚 7 厘米，一个焊口就要用 1100 多根总重量 15 千克的焊条，而管两端的焊接误差不得超过 0.5 毫米。这是一项难度很大技术，世界上只有法、美、日等国家能够独立施工。中国工程技术人员和上海核工院联合攻关，花了一年半的时间，获得了 15000 多个数据，摸索出最佳焊接技术。到 1989 年 10 月 25 日，16 个主回路管道全部焊完，一次性合格率为 99.23%。经国际原子能机构运行前评审团全面检查，焊接质量全部优秀。

经过几年的艰苦奋战，秦山核电站终于在 1991 年并网发电。秦山核电站的建成，将给东南沿海地区的经济发展插上腾飞的翅膀。

中国秦山核电站的建设成功，显示了中国人的聪明才智和伟大的创新精神。1989 年 4 月，国际原子能机构派出的运行前安全评审团认为"整个秦山核工业电站的建造工作是高标准的，质量保证是全面的，并渗透到项目的各个方面，启动和运行的设备工作是超前的"。

海底核电站

我们知道，陆地上有核电站，水上有核电站，那么海底也有核电站吗？

是的，海底核电站是人们随着海洋石油开采，不断向深海海底开发而提出的大胆设想。

这是因为，在勘探和海底开发时，尤其是开采五六百米以下深海海底的石油和天然气时，这就需要从陆地上的发电站向海洋采油平台远距离供电。而且需要特别长的海底电缆输送。这不仅在技术上增加了难度，而且也花费大量的资金。

面对这种情况，如果在采油平台的海底附近建造一个海底核电站，这样，就可轻而易举地将富足的电力送往采油平台，同时，还可为其他远洋作业设施提供廉价的电源。

为实现这一宏伟的目标，科学家为我们描绘出了新颖独特的海底核电站的蓝图。

同时，世界上不少科学家正在积极地研究和探索这一课题，提出种种设计方案。

不过，海底核电站的发电原理同陆地上的核电站基本上是相同的，只是所要求的条件更加苛刻。

首先，海底核电站要建在几百米深的海底，这就要求所有零、部件都要承受巨大的海水压力。

其次，设备密封性的要求相当高，要达到滴水不漏的程度。

再次，所有零、部件都具有较好的耐海水腐蚀的能力。

因而，这就要求海底核电站所用的反应堆都安装在耐压的堆舱里，汽轮发电机则密封在耐压舱内。

之后，再将堆舱和耐压舱都固定在一个大的平台上。

美国在 1974 年，就提出了发电容量为 3000 千瓦的海底发电：站的设计方案，并描绘出了令人向往的蓝图。

这座海底发电站由反应堆、发电机、主管道、废热交换器、沉箱等五大部分。它选择了一种安全性非常好的铀氢化锆反应堆。

这种反应堆的独到之处，在于它的发电能力在极短的时间内能由零迅速上升到几百万千瓦，以后，又可以自动迅速地降落下来。因而，人们又称这种反应堆为"脉冲反应堆"。这种反应堆可极大地提高发电能力。

1978 年，为对付"石油危机"，英国几家公司联合提出了海底核电：站的设计方案。它的最大特点是设计了两座核反应堆舱。这样设计的好处是，当一座反应堆停堆换料时或检修时，另一座反应堆可照常供电，可保证采油平台连续用电的需要。反应堆安置在长 60 米、直径为 10 米的耐压舱内，而耐压舱可在 500 米深的海底长期稳定工作。耐压舱的外壳是用双层 5～7 厘米厚的钢板制成，中间灌注混凝土，其厚度在 0.5～1.5 米，并随着水深而加宽。同时，汽轮发动机共装备 3 台，分别密封在耐压舱内，以确保电力供应的需要。

科学家们认为，随着海洋工程技术的发展，特别是开采海底的石油和天然气资源，海底核电站将幸运诞生，这一天将为期不远了。

太空核电站

高新技术的发展，人们将反应堆搬到卫星上，从而形成太空中的核电站。

人造卫星和太空飞行器在太空中飞行，一般需要电池发电，什么燃料电池、太阳能电池等都可以使用。然而，他们又都存在这样和那样的问题，无法满足大容量的电能需求。

怎么来克服这种弊端呢？

科学家们经过努力，终于找到了比较理想的卫星和太空飞行器用的电源——太空核反应堆。

太空核反应堆的电容量可达500瓦至几千瓦，甚至可高达百万瓦。比较先进的核电池同其相比，也是小巫见大巫。

太空核反应堆的工作原理同陆地上的核反应堆基本是相同的。所不同的是，太空核反应堆体积小，轻便实用。

太空核反应堆所用的燃料是纯铀－235。这种核反应堆连同控制装置，大约像2千克重的小西瓜一般大。

通常，反应堆运行产生的热能，可以通过三种方法转换成电能。

第一种方法，将装有液态金属的管子从反应堆中通过，液态金属就会吸收热量变成蒸气，来推动汽轮发电机组发电。它的能量转换率高，可达30%，但汽轮发电机的转速高，这在太空飞行无人维修的情况下，难以长时间安全运行。

第二种方法，以热电偶或热离子方式发电，它不需要转速很高的汽轮机，所以使用简便，可以长期稳定地发电。

第三种方法，是能量转换效率比热电偶高得多的热离子换能法。它是利用热离子二极管来完成能量转换的。

太空核反应堆不仅可用作太空飞行器和卫星的主要能源，而且还是未来用于考察和开采月球矿藏的理想电源。

轻水堆和重水堆

热中子反应堆是一种进行核裂变的反应堆。目前，已经实用化的热中子反应堆有轻水堆和重水堆。

现在使用的多为轻水堆。

在轻水堆中，水被兼做减速（和石墨一样起控制反应速度的作用）和冷却用。轻水堆又可分压水型和沸腾水型的，现大多数核电站用的都是压水型的。

压水堆最初被用来作核潜艇的动力。它的冷却水分为一次系统和二次系统两部分。

一次系统的冷却水保持在约 160 个大气压这样的高压，所以加热到约 325℃仍可保持为液体状态。为了吸收核裂变中的中子，水中加入一点硼用以调整核反应的速度。一次冷却水直接同核裂变部分接触，将它产生的热量带走，经由蒸汽发生器进行热交换，使二次冷却水被加热到沸腾。

二次系统的冷却水在 60 个大气压下被加热到 275℃，成为蒸汽用来驱动发电用的汽轮机。

压水堆是利用浓缩铀工厂提供的低浓度铀－235 作为核燃料。

铀－235 是铀的一种放射性同位素，也是自然界中惟一存在的裂变核燃料，裂变中产生的中子，或被燃料棒中的铀－238 所吸收，或使铀－235 发生裂变，或逸出于燃料棒之外。

如果中子运动速度过快，则使铀－235 发生裂变的机会变小了，所以要用（轻水或重水）和石墨作为减速材料，放在燃料棒四周，使中子速度减慢以有助于使铀－235 发生裂变，减速后的中子能量最后都变为热能，为了把它送到外部，需要使用冷却材料（通常也用水）。

同时，把含有硼等吸收中子物质的控制棒放在堆芯中，当它插入燃料中时，产生的中子数量达不到临界值，裂变无法连续进行下去。当控制棒拔起来时，中子数目加多，通过连锁反应，铀的裂变便可连续进行下去。这种速度变慢的中子被称为"热中子"，利用热中子使铀－235裂变的核反应堆，称为"热中子反应堆"。

热中子反应堆中的重水堆，因它所用的冷却剂是重水（D20）而得名，它与轻水堆核电站相比，具有以下五个特点。

第一，因重水的慢化性能好，吸收中子少，能用天然铀作燃料，因而，发展重水堆核电站，不需要建立造价昂贵的铀同位素分离厂或浓缩铀厂。

第二，重水堆转换率比较高，约为80％，可以更有效地利用天然铀。

第三，重水堆的燃料烧得较透，铀－235含量低于通常的尾料浓度，约为0.25％，可以把它们暂时储存起来，等到快堆需要时再提取其中的钚，而不必急于进行处理，这就使燃料循环大为简化，从而使费用降低。

第四，在各种热中子堆中，重水堆所需天然铀量很少，同时，使所需的初装料和年需换料量也最小。

第五，重水堆对燃料的适应性很好，既能用天然铀或浓缩铀作燃料，又可以用铀－233、铀－235或钚－239以及它们的任何组合作裂变材料，并从一种燃料循环改变为另一种循环也很容易。

再者，重水堆中生成的钚，一部分在堆内参加裂变放出能量，另一部分则包含在燃料中，其净产钚量要比轻水堆多1.4～1.8倍。这样，发展重水堆电站，可为发展快中子增殖反应堆电站积累更多的钚。

快中子增殖反应堆

快中子增殖反应堆，是指吸收快中子产生裂变的一种反应堆。

快中子增殖反应堆用的核燃料是钚－239，在堆芯周围有一层铀－238，在天然中的含量为 99.28%，它本不是裂变元素，不能作为核原料，但在快中子反应堆中，铀－238 吸收了钚－239 裂变放出的中子后，跃身一变而成为新的钚－239。钚－239 核比铀－235 核裂变放出的中子多，加上快中子反应堆不需慢化剂，减少了中子被吸收的损失。

因此，裂变产生的中子除能维持裂变反应外，多余的中子被铀－238 吸收，生成新的钚－239。

这就是说，快中子反应堆在使用核燃料的同时，还将热中子堆无法使用的铀－238 变成了可利用的核燃料钚－239，而且生成的钚－239 比用掉的还多，这叫增殖核燃料。由此可见，采用增殖反应堆的核电站能发出比用热中

子反应堆的核电站多得多的电。

显然，一座快中子反应堆只要连续运行 15～20 年，就可以积累起足以装备与自身功率同样大的新反应堆所需要的核燃料，人们赞誉它为"核燃料生产工厂"。

快中子反应堆，不仅能够大大增殖核燃料，还有干净、热效率高等优点，目前，世界上许多国家都在积极发展快中子反应堆。

法国建造了"凤凰"快中子堆和"超凤凰"快中子堆，都采用了一体化的池式结构。

在埃及神话中，吉祥鸟凤凰每隔 500 年就会自焚，涅槃然后再复生。"凤凰涅槃"就是这个道理，可以说法国人给快中子堆起的名字别有匠心，正符合这一反应堆的特点。

该反应堆容器是一个很大的不锈钢池子，直径 22 米，高 10 米，壁厚为 35～50 毫米，堆顶是 3 米厚的钢和混凝土做成的盖板，在这个钢池子里，除了堆心之外，还放入一回路钠泵、钠－钠热交换器，这就保证放射性钠不会离开反应堆容器。一回路钠由下而上经过核燃料，加热到 545℃。然后，再进入钠－钠热交换器。

同时，在反应堆容器的外面，还包有一个同样厚度的钢容器。整个装置再装在 1 米厚的混凝土安全壳内，这样，是重重设防，保险加保险。

在 1991 年世界核电站统计表中，可以找到 9 座快中子堆核电站，但实际运行的只有 4 座，法国的"超凤凰"堆便是其中之一。

只是，快中子堆由于技术复杂，安全要求高，因而造价极高，投资约是压水堆核电站的 5 倍。

又如，俄罗斯现有四座快中子反应堆在运行，并正在建造 80 万千瓦功率的快中子反应堆。

日本原型快中子反应堆已于 1994 年建成，经济验证，快中子反应堆将于 2004 年建造。

人们预计，快中子反应堆将会成为未来能源舞台上的重要角色。

高温气冷堆

　　高温气冷堆是一种热中子堆，它用石墨作慢化剂与堆芯结构材料，用不与任何物质起反应的惰性气体——氦——作为冷却剂，核燃料采用碳化物包壳，不含金属，因而堆芯能够承受高温，有很好的热稳定性和化学稳定性。

　　高温气冷堆的先进性，首先表现在安全性好，它是国际上公认的具有固有安全性的下一代新堆型。

　　到此，人们不免要问：什么是固有安全特性呢？

　　具体说来，就是当核反应过强、功率过大、堆内温度升高时，它能自动地降低反应性；当发生冷却剂流失、传热系统和控制系统失效、水进入堆芯等事故时，它能自动停堆，而堆芯的余热也不会超过容许的限值，还能非能动地载出堆外。同时，还具有阻止放射性释放的多重屏障，使放射量不论在何种情况下，都保持在可接受的范围内。

　　值得说明的是，高温气冷堆在任何情况下绝不会发生像美国三里岛和前

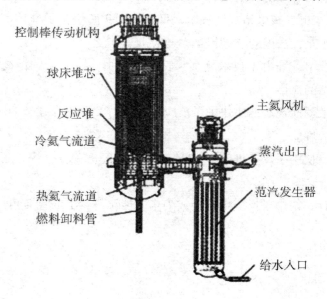

控制棒传动机构

球床堆芯

反应堆

冷氦气流道

主氦风机

蒸汽出口

热氦气流道

燃料卸料管

范汽发生器

给水入口

苏联切尔诺贝利核电站那样溶毁堆芯、放射性外泄等严重事故。

或许是受到人们喜爱的"傻瓜"相机一词的启发，有人将高温气冷堆称为"傻瓜堆"，形象地比喻中在任何情况下都是安全可靠的。

高温气冷堆的先进性，还表现在是惟一能提供高温工艺热的多用途核能源。

高温气冷堆氦气的出口温度可达950℃或更高，是现有各种反应堆中工作温度最高的堆型。它产生的热量既能用来发电，又可作为其他工业的能源。

高温气冷堆的发电效率还特别高，如果直接用氦汽轮机发电，则产生的电量要比同等功率的一般核电站多50%。

高温气冷堆可以使用的核燃料，是其他反应堆所望尘莫及的。它既能"烧"铀，又能"烧"钍，还能将这两种燃料混在一起"烧"。

鉴于高温气冷堆的优越性，它在国际上很受重视。

1991年3月，日本开工建造3万千瓦的实验堆，1998年已投入运行。

钍，在我国的含量十分丰富。我国也在积极从事高温气冷堆的开发论证和实验研究，许多关键技术取得了突破。

1992年3月，国务院批准在清华大学核研究院内建造一座热功率为10000千瓦兼发电约2000千瓦的高温气冷实验堆，要在2000年前建成并投入运行。

1994年5月，高温气冷堆被列入国家高技术计划重点项目。

热核聚变

在《天方夜谭》一书中，有一个"魔瓶"的故事，说一个渔夫在海上打鱼，一网打了一个瓶子，把瓶盖打开，一个魔鬼出来了，要吃掉救他性命的渔夫，渔夫危难当头，用自己的大智大勇，机智地将魔鬼又骗入瓶内，盖上了瓶塞。

现在科学技术的高度发展，在科学家们的手下也诞生出了"魔瓶"——"托卡马克"装置。

当然，这种"魔瓶"装的不再是魔鬼，而是降伏的像氢弹那样威力巨大的"妖魔"。

在"魔瓶"里，进行着像氢弹爆炸那样的反应：两个较轻的原子核，如氘、氚等，在超高温的特定条件下，聚合成一个新的较重的核，如氦核，同时，把核中贮藏的巨大能量释放出来，人们把它称为"核聚变反应"，也叫"热核反应"。它放出的能量比原子弹爆炸时产生的能量还大好多倍。要是用1千克核燃料参加核聚变反应，释放出的能量相当于 7000 吨汽油或 1 万吨煤所放出的能量。

从这里也可以看出，核聚变反应比裂变反应释放出来的能量要多得多。

然而，要使不受控制的氢弹"妖魔"置于人工控制下，让其乖乖地听话又是何等的不易。它的两个反应条件足以使人望而却步。

第一，是高温。必须把核燃料加热到 1 亿度以上，使它的原子分离成离子和电子。

第二，是高压。要用强大的外力，在 1 秒的时间里把离子和电子约束到每立方厘米 1 万亿亿个以上的密度。

然而，在这样的高温高压下，任何材料做成的"瓶子"都会气化而消失。

受控核聚变比较好的装置是前苏联科学家设计的"托卡马克"装置。这是一个中空的环形管，逐段设置铁块作磁场的铁心，把管子围起来，配上高强度的磁场，把环形腔内的高温氘、氚封闭起来，使它们在环形腔内完全分解成带电的离子，而这些带电的离子在磁场作用下，只能沿磁力线方向运动，就像把高温的核燃料"盛放"在"磁瓶"里，有控制地运行热核反应一样。

令人欣喜的是，核聚变反应的资源非常丰富，一桶水里含有的氘中所蕴含的热核能，相当于 300 桶汽油所含的能量。汪洋大海里有的是水，仅海水里大约就含 46 万亿吨氘，按地球上目前的能量消耗来计算，可供人类使用几百亿年。

科学家们预言，受控热核聚变是人类未来理想的能源。

美国科学家计划，在 2025 年建成一座示范性的核聚变工厂，至于商业性核聚变工厂，则可能在 2035 年才能建成。由于核聚变试验需要巨额资金，美国、前苏联、日本等 14 个国家准备联合建造"国际热核试验反应堆"有 10 层楼那么高，它将是世界上第一个投入运行的核聚变反应堆，产生的能量估计将达到 10 ~ 30 亿瓦。

到那时，人们将能把动力从核聚变反应堆送到电网上去。

人们期望，核聚变作为一种理想的能源，将来会大放异彩。

激光核聚变

激光核聚变，是当前激光应用的一项重大前沿课题。利用脉冲强激光聚焦在可以进行核聚变的物质上，如果能使局部温度达到几千万摄氏度，就会引起核反应。这种实验如果。能获得成功，将开辟核聚变获取能量的新途径。

在这一领域中，中国走在世界的前列。

中国科学院上海光学精密机械研究所经过试验，完全证明了激光引发核聚变的能力。

在这次试验中，激光振荡器发出一束激光脉冲，以每秒30万千米的速度，顺利地打开"光门"，并分成两路冲进激光放大器系统。在不到百分之一

秒的时间里，激光功率一下猛增了 1 亿倍。最后，两束功率各为 1 万亿瓦的激光脉冲同步到达真空靶室，经过精密光学系统会聚之后，准确击中直径只有 0.1 毫米的靶球，就在高功率激光击中靶球的一百亿分之一秒内，靶球温度从室温骤然升到一千万摄氏度以上，同时形成一千万个大气压以上的向心压力。这时靶球内由氢的两种同位素氘和氚组成的热核"燃料"便产生了核聚变反应，并释放出聚变核能。

1986 年，中国建成了以钕玻璃为主体工作物质的强激光脉冲装置——"神光"装置，这是我国最大的高功率激光装置。

它的输出分两路，每路 1000 焦耳。脉冲时间为 10^{-9} 秒，脉冲峰值功率可达 1012 瓦，具有世界先进水平。

"神光"装置的研制是一项大型综合性的科学工程，整个系统包括激光器、靶场、激光参数测试、能源、中心控制、实验室工作环境等 14 个分系统，有 80 多套高精度的仪器设备，涉及激光、光学、精密机械、光学材料、电子学与微机技术、超净工艺等众多的技术领域。这个装置内有 15 项新材料、新技术、新结构、新方法，是国内首次采用，多数指标达到国际水平。

我国激光核聚变的研究发展很快。1991 年把"神光 I"升级为"神光 II"，扩展基频能量为 6000 焦耳，三倍频率能量约为 30000 焦耳。2004 年建成了三倍频率能量为 40000 焦耳的钕玻璃激光器"神光 III"的设计。

激光核聚变的发展，是衡量一个国家激光科技水平的标准。中国激光核聚变试验成功，并继续发展，前景广阔，可见中国在这一领域里已经走在世界的前列，为世界激光核聚变研究和发展提供了宝贵的经验。中国人将用激光核聚变这一高科技手段，为中国经济建设服务。

核试验转向

核军备控制领域的一个新的难题是，少数核大国已经从以往的核试验中掌握了大量数据和先进技术，从此可以更加隐蔽地将核武器试验从现场转入实验室。

例如，美国政府早在 1993 年 11 月就曾经指示有关部门制订一项"核武库管理计划"，该计划建议建立一批进行核试验的设施，以便在全面禁止核试验的情况下利用这些设施进行模拟试验，继续维持其核优势。

法国也为此作了相应的准备，建造了一座大功率的激光装置，以便今后的核试验能够进入实验室。

1997 年 7 月，俄罗斯官员则表示，尽管经费不足，俄优先发展战略武器的计划仍进展顺利，21 世纪俄罗斯仍将保持核大国地位，并且在这个月还从普列谢茨克航天发射场发射了一枚新型战略导弹。

这表明，原先的少数核大国，虽然表面言词冠冕堂皇，但核威慑力量决不会放弃，而且要继续完善。

早在 1993 年，美国洛斯阿拉莫斯国家实验室主任就说过："核试验要设法替代，但我们必须尽力把工作做好。"他们要求安装对武器部件进行非核试验的试验装置，以及能模仿核爆炸的超级计算机。他们甚至创造过一个新名词——虚拟爆炸。

美国的地下核试验分两类：一类是武器研制试验，爆炸新的核武器或者经过改进的核武器；另一类是"效应试验"，试验其他武器系统承受核爆炸辐射和热的能力。效应试验都是在试验场地下深处的水平隧道内进行的，在核武器和几百米或几千米外的地下试验站之间有真空管相连，核爆炸产生的辐射以光速传到试验站，被试验的物品——例如必须能在核战争期间继续运转的军用卫星的部件一就装在试验站中。相比之下，武器研制试验比较简单。这种试验则是在竖井中进行的，可能是为了试验一种武器的新部件，也可能是为了获取热核聚变的数据。这些数据必须赶在核爆炸摧毁仪器之前通过电缆传到地面上。

在里根和布什担任美国总统期间，美国国内反对核试验的压力就已逐渐增长，苏联解体后这种压力达到了顶点。克林顿1992年竞选总统时说，他支持全面禁止核试验，但他当政以后，其政府官员在禁止核试验问题上一直持不同的意见。

据说，他们主要的担心是，核武器储存的时间久了，由于诸如塑料和高效炸药等物质以及电子元件和其他部件受损，这些核武器可能会出毛病。为了使武器保持能用，美国就必须不断地检查储存武器的可靠性和安全性，并且还得保留一批骨干专家来分析问题和主持维修。因此，他们希望搞一些新的设施。

例如，他们特别想出资建造国家点火实验室，即巨大的激光聚变实验室。这些武器研究人员，希望提高对在核武器里使用的高效引爆器进行非核试验的能力。他们还希望获得更先进的高性能计算机，以便能精确地模仿核爆炸

过程。到了 1997 年，美能源部宣布，它已经批准耗巨资建立一个激光中心，用于在不爆炸的情况下试验核武器。

政府方面说，需要用这套国家点火设备使美国既能保证核储备又不违反全球禁止核试验条约。它将用来模拟核弹头里的反应。

但是主张核裁军的人说，这套设备可能会带来比今天的核武器威力大得多的新一代核武器，使全面禁试条约的目标无法实现。

能源部说，这套设备将产生"相当于现有激光 50 倍的能量，并将首次在实验室的环境下生成接近太阳核心的物质状态。

尽管冷战已结束多年，但一份被公开的美国解密文件显示，美国仍在竭力开发新的核武器或修改现有核武器的设计。

这份来自能源部的文件是美国官方发展核武器的计划。文件透露，共有约 25000 人为这一高度机密的工业计划服务。这些实验室目前正在使用新的设计技术。其中对某些核弹头的工作包括逐步重新设计氢弹的核心部分一原子引爆装置。批评家指出，这文件表明政府正在破坏有关禁止大规模杀伤性武器开发的条约。

然而，有关政府当局则表示强烈反对，并坚持其工作是遵守国际公约的，能源部官员在接受媒体采访时否认了正在开发新武器的说法，表示文件中所说的工作只是将过时的设计现代化。此项工作的目标是延长核弹头的寿命，增加安全性和防御性，使新品种的武器能够投入使用，但武器的爆炸威力并没有增加。

可是，民间的保护自然资源组织不同意此说法，指出文件中所述的一些工作，明显意味着将增加核弹头的威力和准确性，使其能够深入到地下，以摧毁敌军的地下掩护体。一支由高技术设备和人员组成的队伍正在悄悄地进行热核武器的升级换代工作。

核爆炸新用

核爆炸最先在军事上应用，但核爆炸的研究不仅仅是为军事服务，更重要的是一种改造大自然的强有力的手段，将会长期地广泛地为人类的生存和发展服务。应该说，发展核爆炸的和平利用，才是我们研究这一领域的根本目的。

诺贝尔奖的倡导人诺贝尔是新炸药的发明人，这一发明曾首先用于军事技术。但是，今天各种类型的炸药已广泛地应用于矿山、工厂、建筑等各生产领域，现代文明已很难离开炸药的使用。核爆炸是比炸药更为有效的经济的手段。当代核技术已很容易构造爆炸当量达几万吨，甚至几千万吨 TNT 的核爆炸。其成本只有化学爆炸的 1/10 或 1/1000。

现在先说说核爆炸应用于采油工业等积极方面的问题。

石油系统的人都知道，开采石油必须加热加压，目前常规作业为钻井，靠油井产油。但是当前的钻井技术还达不到高的石油采取率，据统计，采油率指标平均达不到 40%～50%，在油气矿床边缘仅为 10%～15%，更不能开采天然碳氢化合物的结晶水化物及沥青矿床，而且即令目前世界上最先进的钻井采油技术也只能采取已查明油、气储量的 25%。

美俄试验的核弹采油气技术，明显地改善了岩石钻井系统的工作指标，显著地增加了受激井的出油率，据来自采油公司和利物莫尔实验室的报告，前苏联 1965 年对其某些油藏区进行过核爆炸，之后 15 年在这些实验区多采出 900 万桶石油，占可采储量的 9%，使采油率增加 35%，原来认为只有 6 年的经济开采价值的油床到 80 年代初仍有生命力。

采用核弹开采油气技术，根据油气储藏的介质及地质构造条件，其爆炸深度可达 4 千米左右，爆炸当量为 29～43 千吨 TNT。地下核爆后可形成以爆炸中心为圆心，半径为 80～100 米的多孔介质机械变的区，如果介质较为均匀的话，则变的区可分为 I、II、III 区，其中 I 区半径为 25～35 米的中心区，区内发育着径向和切向大裂缝，富集交叉裂缝，使区内岩石状态不稳定，且流体传导性高、因此Ⅰ区便成为一个容器，适用于离析进入的液体和气体，堆积液体和固体的悬浮物。

这种新型采油方法经济实用，已引起许多国家重视，特别是美俄。因为一次核爆炸投资约1000万美元，即使按1981年油价，当年所产油价值就为4900万美元，而当前为1亿美元，是成本的10倍，有极可观的因而目前世界各先进国家正在大力开展核弹采油技术的研究并运用于实践。

地下核爆炸还是扑灭井喷的十分有效的手段。某次在一地发生强烈的井喷，各种手段均不见效，最后决定采用地下核爆炸，果然一举成功。据俄罗斯专家介绍，这次井喷，是可能污染波及全世界的一次大井喷。在所喷气体中，有20%的硫化氢，如任其喷发一年，将远比切尔诺贝利核事故造成的危害更为严重。所以，即便从世界上最激烈反对核试验的绿党所持观点来看，他们也无法批评人们采取核爆炸的手段来制止井喷。至于消灭化学武器或生物武器，使用地下核爆炸将是最为经济而有效的唯一手段。

还有人设想，利用核武器防止小行星或彗星袭击地球的问题。在使用这种手段时，必须令核武器适当地钻入"天外来客"的表层中，才能获得必要的令轨道偏离的动量，但如果计算不准，反而会引发新问题。

再说说利用核爆破技术实施中国南水北调巨大工程的设想。

中国科技界正在关注由西藏的雅鲁藏布江调水于大西北的设想。因为中国是水资源分布严重不均衡的国家，面积占国土的47%的大西北，仅占有全国水资源的7%，这为大西北的开发造成了严重的困难。不仅人的生存要水，发展农业要水，尤其是发展工业更需要大量的水。

因此，中国一些地理学家，便提出由雅鲁藏布江调出200亿立方米水给南疆的设想。这一设想的基本思想是：在雅鲁藏布江的"大拐弯"处，修建拱高坝，打通长达80千米的泄洪通道，建造一个其发电能力为长江三峡库区发电能力的2~4倍的发电站，再利用这一巨大的电力提水并输向大西北。

毫无疑问，这是跨世纪的规模巨大而又有很高经济效益的重大工程。其重要技术难题有：高坝的修建，隧洞的挖掘，运河的开凿等等，由于这一工程的土石方作业量特别巨大，而且又在"深山穷谷之中，人烟绝迹之地"，按照常规作业，不仅存在技术上不可克服的困难，而且还很难有效。但是，如果能在这一调水发电的重大工程方案中，使用核爆破的技术，那就不仅使这一设想经济地得以实现，而且还将提前付诸实施。

由于雅鲁藏布江是中国第三大江，年径流量高达 1600 亿立方米，这一巨额的水量流经印度到孟加拉，年年为这两个国家造成严重的水害。所以，由雅鲁藏布江发电调水，不但能为南亚各国提供丰富的电能，而且还将大幅度减轻印度和孟加拉的水灾。所以，这将是有利于中国和南亚各国的一个国际性的重大项目。如果能再进一步设想，多调 200 亿立方米的水于大西北，还将可以为哈萨克斯坦的干旱地区提供充足的水源。

由于核爆炸的和平利用和军事利用具有的不甚相同的要求，军事利用所最关注的指标，是单位重量的爆炸当量，亦即所设计的核弹头要小而轻，爆炸当量要大，以便增加运载工具的机动性和命中率。但是和平利用核爆炸却可以不计及核装置的重量，因而在理论设计上就有充分的余地，来大幅度减少甚而能完全避免放射性对环境的污染。现代核技术已完全能设计出足够干净的安全且不污染环境的核爆炸。

下面谈一谈关于核爆炸与地震发生的相关研究。

1994 年一条令人震惊的消息是前苏联克格勃一位高级领导人向新闻界透露的。他在 1988 年被任命领导制定苏联科学院的秘密研究计划，即借助地下爆炸的热核弹来重创美国和加拿大。

从 20 世纪 60 年代起，苏联地震学家们发现他们每次进行地下核爆炸后，在随后的几天内就会产生地震。前苏联的一些科学家坚信：1988 年破坏美洲，造成 4.5 万人丧命的那次地震是由 3500 千米以外苏联新地岛上的地下热核爆炸引起的。为了研究地下核爆炸的效力，苏联人曾在 4 周内先后进行 32 次地下核爆炸。早在 80 年代初，苏联国内的地质学家们就构思一项制造强度更大的核弹的计划，这种核弹能够使构造板块造成猛烈的挤压和冲撞。

地震决不会紧接着核爆炸发生，而是在隔了若干天后才会产生，这就能使肇事者在发生毁灭性地震和海啸情况时自称无罪。

尽管如此，科学家仍意识到将很难把核爆炸所产生的效力特定地引向一个假定的目标。在成功命中 8000 多千米以外的目标之前，还需要做很多的研究工作。

人们还观察到，在任何一次地下核爆炸之后，两个月的时间内爆炸中心周围20～30千米范围内，通常发生多次的地面颤动，这是因为核试验瞬间释放的巨大能量引起地壳能量的连锁应变。地下核爆炸实际上就是人造地震，爆炸强度与地震震级存在近似的对应关系，当量为10万吨TNT的核爆炸相当于里氏6.1级地震。

这还与爆炸地点的地壳构造有关。石板块边界地带和地壳运动活跃的区域，爆炸引起的地震在强度和频率上均有加强。1995年夏天法国不顾国际社会的反对，在南大平洋恢复了核试验，爆炸地点莫鲁亚环礁就连续发生了多次地震。这再次表明人造地震是可能的。

在战略家看来，核爆炸引起的地震比核武器的直接杀伤效果更有威胁性。核爆炸使一切都化为焦土，核辐射使广大土地长时间不能生长生命，征服这样的地区又有什么意义呢？相反，受到严格控制的地下核爆炸引发地震，目的在于造成对方社会混乱、指挥失灵、人群恐慌，这就为地面占领创造了条件。

在现有技术条件下，作为武器的地震还难以实战。技术难题在两个方面，一是核武器的布设，很难深入敌对国领土纵深进行打击；二是人造地震效果的滞后，就是地震并不一定在核爆炸后立即发生，从而使核打击失去突然性。

再一方面，据1997年报道的科学家们的计算结果认为，核爆炸所产生的全部能量直接作用于地震的不超过2%～3%。这就是说，想要人为地在潜在敌人的领土上引起5～6级地震，就需要进行30～50次核爆炸。这就自然而然地出现一个问题；是否值得付出这么多努力来进行研究和试验工作？在万不得已的情况下引爆一颗原子弹不更简单吗？

但是，人们从中看到了问题的另一好的方面，就是低烈度的地下核爆炸使地壳能量得以逐步释放，从而避免了强烈的大地震。最有说服力的例子是哈萨克斯坦的阿拉木图，这个城市曾分别发生过7.4级和8.0级的大地震，地震学家认为以后的年代强地震仍然会发生。然而几十年来只有一些中小地震，据认为原因就在于附近的一座核基地连续30年运转，大大降低了当地的地震强度。

新技术探索

科学技术的发展过程中，会遇到困难，发生曲折和反复，是正常的，不足为奇。

在这世纪之交，围绕法国"超凤凰快堆"的争论即是一例。这是以中国神话一种从自己的灰烬中获得永生的鸟的名字来命名的核电站，早在 10 多年前就曾并入法国电力公司的电网，虽正常运转时间不长，但作为技术探索，提供的经验却是宝贵的。

目前在俄罗斯、日本、印度等就有 8 座快堆，即快中子增殖反堆正在正常运行。

快堆同其他反应堆一样，从原理上就排除了发生原子爆炸的可能性。当然，不应当否认现在快堆发电还存在一些技术问题，但是，只要重视，问题是可以解决的。从根本上讲，快堆不仅具有固有的安全性，而且具有很好的经济性。与热堆核电站相比，快堆核电站对核燃料的利用率高出了 60～70 倍，同时快堆还能焚烧掉长寿命放射性锕系元素。快堆核电站和热堆核电站能相辅相成地为人类提供安全、经济和洁净的电能。有远见的国家，是不会忽视对快堆核电开发的，例 1995 年，日本的装机容量为 28 万千瓦的快堆"文殊号"就成功地进行了发电、供电试验。因此，日本政府 1997 年 6 月宣布，要继续推进其开发快堆和核燃料再循环计划。

到 2050 年，中国的能源缺口将达 10 亿吨标准煤。人们已经体会到人类大量使用碳基燃料已经成为环境污染的重要因素之一，加速发展包括快堆核电站在内的核电事业，是解决上述矛盾的重要途径之一。在快堆技术发展上，中国也给予了高度重视，各有关主管部门给予了有力的支持，在 1987 年将快堆技术研究纳入了国家"863"高技术计划，列为该计划能源领域的最大项目，并计划不久将建成热功率为 65 兆瓦、电功率约 20 兆瓦的快中子实验堆。

近 10 年来，世界快堆处在低潮，主要原因，是从 20 世纪 70 年代后期开始，世界经济发展速度减缓，能源和电力增长速度也随之减缓，热堆核电站的发展相应减缓，因此作为热堆核电站后续者的快堆事业的发展也受到制约。但是，各国快堆发展也不平衡，各国根据自己不同的国情采取了不同的政策。在西欧的"超凤凰快堆"时起时落的争论不休中，中国作为一个核大国，仍作出开展快堆起步工作的决策是正当的。

可以预期，今后相当长的时期人类仍将利用裂变能。

目前核能利用存在的主要问题有：

（1）资源利用率低。工业应用的是热中子反应堆核电站，虽其发电成本低于煤电，但它以铀 −235 为燃料，天然铀中占 99.3% 的铀 −238 无法利用。

（2）燃烧后的乏燃料中除铀 −235 及钚 −239 外，剩余的高放射性废液含大量"少数锕系核素"（MA）及"裂变产物核素"（PP），其中有一些半衰期长达百万年以上，成为危害生物周的潜在因素，其最终处理技术尚未完全解决。

（3）反应堆是临界系数大于 1 的无外源自持系统，其安全问题尚需不断监控及改进。

（4）核不扩散要求的约束，即核电站反应堆中生成的钚 −239 受控制。

这 4 个问题中，以前两者更具实际意义。

利用快中子增殖堆可以使天然铀中的铀 −238 转化为钚 −239，成为裂变燃料。用钚 −239 或铀 −235 装料启动运行数十年后，此系统可以靠铀 −238 达到"自持"，铀资源利用率可提高 60～70 倍。这虽然有利于资源的利用，但另 3 个问题则面临更严峻的挑战。而且快中子增殖堆的初始装料，要以从热中子反应堆乏燃料中提取的大量工业钚库存为依托，如热堆电站未发展到相当的装机容量，快堆是不可能具工业应用规模的，而此时高放射性废液的库存已极大。对高放射性废液的处置方法，目前是将其固化，经包装后埋入稳定的岩层中。这种"后处理—固化—深埋"的处置方式虽然可行，但从长远看它未解决泄入生物圈的问题。

因此，理想的核系统应是以天然铀（或贫化铀）作为反应堆的基本装料，并使它所产生的放射性废物在系统中被嬗变为短寿命（半衰期为几十年）或稳定的核素。使系统输出的废料是短寿命低放射性废物。这就是目前世界核科技界大力研究的充分利用铀资源且放射性"洁净"的核能系统。这一系统的物理及放射化学基础在于：

（1）利用中子核反应使不可裂变的核转化为可裂变核，并在系统中形成一个稳定的可裂变核供应储备。

（2）利用化学分离流程，提取高放射性废液中的 MA 及 PP，回送到系统中，在一定条件下，MA 成为附加的能量供应资源，而 PP 则吸收中子而嬗变成为稳定核或短寿命核，即所谓的分离—嬗变（P－T）法。

核科技界认为最有前途的放射性"洁净"核能系统将由中能强流质子加速器（1～1.5 吉电子伏，数十毫安或更高流强）与次临界装置（热中子或快中子）相耦合，结合"原址"放射化学分离流程（在厂区就近处置，避免与外界环境接触）所构成，一般文献中称之为 ADS（加速器驱动次临界装置）。它由中能质子在重核上散裂反应产生的"外源"中子，使次临界装置起动，在把非裂变核转换为裂变核的过程中，一方面倍增中子、输出能量，一方面留一定的中子贮备，以嬗变自生的或输入的 MA 或 PP。次临界装置的临界系数 0.95 左右，系统靠"外源"中子启动，因此原则上当加速器停止运行时，次临界装置即"熄火"，无临界事故问题。向这个系统输入的主要是天然铀等非裂变装料，输出的是电能及短寿命低放射性废物。加速器所耗电能占系统所产生电能的一小部分。次临界装置中所产生的 MA 及 PP 经"原址"放射化学分离后，在适当的条件下，在系统中被嬗变，因此没有向生物圈扩散的问题。如果设计适当，这个系统可运行相当长的时间（例如 5～10 年）而不必换料，因此该系统可有高的负荷因子。

中国已建成具有世界水平的北京正负电子对撞机、兰州重离子加速器和合肥国家同步辐射实验室三种粒子加速器，因此要建立中能流强质子加速器是具备足够技术力量的。

当然，放射性"洁净"核能系统还有些问题尚待继续研究。

下面再略述一下聚变堆问题。

俄罗斯等地的受控热核反应堆没有一个取得成功，有的科学家甚至提出有的热核反应装置根本不可能在短期内实现持续产生聚变能的目标。有鉴于此，美国国会 1996 年将用于核聚变研究的拨款减少了 33%，美国核聚变专家小组根据资金情况建议，关闭耗资 10 亿美元的普林斯顿反应堆，把有限的经费投入计划中的国际热核实验反应堆中去。这个由美、俄、日和欧洲主要国家共同投入资金和技术建造的核聚变反应堆计划将在 2050 年建成，核聚变科学界将它看成是世界核聚变研究取得突破的新希望。

由于国际热核实验反应堆还只是纸上谈兵，所以普林斯顿反应堆的关闭表明人类 50 年的核聚变能梦想将面临一个"无法预知的未来"。

俄罗斯著名理论物理学家、核能部长米哈伊洛夫认为，核能技术的成功来自其课题的具体和目标的明确，而核聚变能源技术问题"总是模模糊糊"。他认为，核聚变能源将来肯定会出现，"但只有到 22 世纪才会出现"。

不过，米哈伊洛夫的这一看法和国际热核实验堆计划大相径庭。按照该计划委员会 1996 年夏天圣彼得堡会议的决定，1997 年要确定这个实验堆的选址问题，2008 年实验堆将建成，并开始运转，再过十几年将建设商业堆。担任该委员会主席的俄罗斯权威核物理学家、俄罗斯科学院前副院长维利霍夫 1996 年也曾再次预言，再过 30 ~ 40 年核聚变能源将成为现实。

无论如何，这项工作是要持之以恒开展下去的，因为它是解决人类未来能源的希望。

在中国，环流器实验技术实验室在核工业西南物理研究院于 1997 年通过了中国核工业总公司主持的验收。从而，中国第一个受控核聚变研究重点实验室即告建成。

核工业西南物理研究院 1984 年建成中国环流器一号，1995 年建成中国环流器新一号以来，开展了大量研究工作，取得了大批科研成果。其等离子体电流、等离子体密度及温度、放电持续时间等参数，以及等离子体诊断技术、数据采集与处理能力和等离子体辅助加热技术等方面的综合能力均处于国际同类型同规模装置的先进行列。

空间核技术

空间技术与核技术是现代高技术的两大重要领域，而这两门技术的完美结合则是现代人类智慧的又一结晶。

核能源可以成为航天的动力。

自从 1957 年前苏联发射第一颗人造卫星以来，在宇宙空间，已有来自世界各国的 4500 颗卫星；至 20 世纪 90 年代中约有 70 颗卫星采用了同位素电池和核反应堆电源。美国于 1965 年 4 月发射的 SNAP – 10A 卫星，虽只运行 43 天，却是世界上第一个利用核反应堆电源的卫星，这表明核反应堆电源是可以作为空间能源而加以利用的。

空间核反应堆能源的研究起步于美苏对峙的 20 世纪 50 年代。现在，从中国航天技术发展战略考虑，也只有空间反应堆电源才能满足航天事业发展的要求。

虽然各国都在积极发展空间核反应堆能源，但反应堆在使用中或在事故条件下是否对人造成危害？对地面或近地空间是否产生污染？是否会因发射、操作失误或失控而产生爆炸？

据文献记载，在美国发射的 38 个空间核电源中，共发生 4 起事故，但没有发生人身伤害。

前苏联的空间核能源发生了两起较大事故，但检测表明未造成放射性污染。

首先，对空间核能源应有使用评价。

与太阳电池 – 蓄电池组合电源不同，空间核能源与光照无关，可在强磁场和尘埃流等等恶劣环境下工作，适合于星际和深空探测。核电源具有抗辐射能力，适合机动飞行，可用于大功率、长寿命、低轨道的航天器。例如可作为多功能军用卫星和空间站电源。

空间核电源具有结构紧凑，造价低，寿命长的优点——一个电功率为 100 千瓦的空间核反应堆，堆的本体积仅为 20 余升。在造价方面，美国在大量试验的基础上估计，一个 100 千瓦的电力系统，采用核反应堆将比用太阳能节省约 4/5 的费用。法国曾对 200 千瓦系统进行比较，初次生产（包括研究开发费用）价格与太阳能系统相当，若重复生产，其价格只相当于太阳能系统的 1/100。

空间核反应堆能源目前使用寿命目标为 3～5 年，21 世纪初达到 7～10 年。

其次，再谈安全评价问题。

联合国和平利用空间科学技术委员会在 1978 年"宇宙－954 事故"后，对原子能在空间的和平利用作过多次讨论。那次事故发生在 1978 年 1 月 24 日，前苏联军用卫星"宇宙－954 号，因控制机构失灵坠入大气层，变成许多小碎片，散落在加拿大。

1992 年，又进行了专门讨论，专家们认为只要采取下列措施，空间使用核能是安全的：

（1）卫星进入工作轨道前，反应堆不能启动；

（2）带核反应堆电源系统的卫星在低轨道使用时，必须有两套独立系统保证核电安全；

（3）反应堆的燃料除不能用钚－239 外，其他浓度的核燃料未受限制。

前苏联在"宇宙－954 事故"后进行了两年的研究，制定出一整套确保反应堆系统安全的措施：

（1）发射前任何情况下保证反应堆处于次临界（包括掉入水中、石油和沙漠中）状态；

（2）有两套独立的安全的工作系统保证核安全：当停堆（事故停堆或任务完成后停堆），能用电火箭将核电源推入高轨道；当此计划失败后，卫星掉到 110～100 千米时，由地面或仪表库单独发出指令，引爆核电源，使核电源系统粉化，其可靠性为 0.99995；当再一次失败时，卫星降到 90 千米时，空气的摩擦力将使核电源系统解体，燃料元件弹出，烧毁。保证掉到地球上粉尘的放射性活度极小，与地面本底差不多。

无论是美国还是俄罗斯，对反应堆的控制系统的设计都增加了安全性。

据美国和俄罗斯空间核反应堆的运行状况和安全分析结果，反应堆的主要危险来自于运载工具的飞行器本身非核电部分及反应堆冷却剂丧失事故。

但即使发生事故，空间核反应堆的放射性污染不大，不会对环境造成超过允许剂量的污染。

有关空间核能源的另一个设想是，在月球建立能源基地。

美国科学家曾于 1968 年提出，在地球轨道上，发射巨大的太阳能电池卫星，利用它再将太空中获得的电力用微波送回地球，这一设想将在 21 世纪初成为现实。

日本材料科学技术振兴财团进一步提出了月面能源基地构思。根据这一设想，日本于 2010 年，在月球表面上设置大型日镜对太阳光进行聚光，再由发电装置转换成电力，把所得电力变换成激光返回地球的输电装置。发电规模为 500 千瓦，地面接收其电力约 1/10 的 50 千瓦，这是第一阶段。

2020 年以后为第二阶段，计划在月面设置发电规模为 400000 千瓦的原子反应堆，以静止轨道上的长中继卫星为中介，向具有 150 米抛物线聚光镜的地面接收电力基地供应激光，激光强度设想为 3～5 千瓦/平方米，可获得约 6000 千瓦电力，届时还将验证太空发电对环境和氧气的影响。

第三阶段定于 2050 年时实施，届时将在月面建立 1000 个 100000 千瓦的长期反应堆，可利用月球上的铀资源，实行发电，地面可获得 20000 千瓦/个的电力，共计 20000000 千瓦总电力。

第四阶段为 2100 年以后，再由核发电向太阳能发电转移，从而建立永久性的能源供应基地。

人类的智慧是无穷的，核能的前景永远是光明的。

交换核情报

美国和俄罗斯已于 1995 年互相提供有关各自的核武器库规模和组成情况的秘密资料。

这种交换在这之前是没有的。以前要是双方中任何一方的官员交换这种资料，那就会被判处长期徒刑。

美国关于秘密交换核武器资料的详细建议是 1994 年 12 月由副总统戈尔在莫斯科提出来的。以后双方的机构在华盛顿广泛讨论了这一建议。

根据这项建议，美国和俄罗斯军事官员将交换详细说明各方自 1945 年以来已制造多少弹头的资料，包括逐项列出各类导弹的数目。

这种交换包括一份清单，说明在两国正式履行里根政府和布什政府在任期间达成的武器协议之后，已经退役或预定要退役的弹头数目。

两国还要说出他们贮存可用于制造核武器的多余的裂变材料，但是他们不会透露武器存放的具体地点，也不会透露有关武器设计的任何情况。

为了完成这种交换，美国政府于 1994 年劝告国会修改 1954 年的原子能法，以便俄罗斯能够第一次得到保密的核资料，华盛顿以前只同英国、法国和德国这样一些亲密盟国秘密交换保密的核资料。

据美国官员们说，交换情报的目的是要帮助两国首都建立互相信任，相信他们的军方机构正在执行公布的拆除数千枚弹头的计划并确保从这些武器上取下的裂变材料不会落入未经授权的人手中。

那么，核武器是如何拆卸的呢？

潘特克斯是美国能源部一个高度保密的设施，此为美核武器拆卸中心。它因位于得克萨斯州锅柄状的狭长地区而得名。潘特克斯有近 3000 名雇员，过去负责组装核武器，现在主要负责拆卸核武器。

由于美苏军备竞赛终于结束，竞争者正在制订拆除核武库的计划，但并不见得很快会终止核武器所引起的混乱局面。冷战国家在生产武器的竞赛中，放射性物质和有毒化学物质污染了土地、空气和水。据估计前苏联有高达15%的领土不适宜于人类居住。预计美国净化工作需要用数十年时间，并将至少耗资 2000 亿美元。此外，今后几年拆卸武器还会增加高浓缩铀和钚的存量。

美国能源部在过去的数十年里拆卸了约 5 万件武器。并非所有的武器都退役，有些武器拆开来进行测试，然后再重新组装起来。另外一些武器则改装成新武器。

武器是由警卫人员押运的装甲卡车运抵潘特克斯后储存在掩体里的。工作人员对武器进行检查，分成分装件，最后分解成多个零部件供再利用或销毁。工作人员把化学炸药和放射性物质分开。然后把武器中的钚核储存起来。

潘特克斯拥有每年拆卸大约 2000 件武器的能力。按照这个速度，该工厂很快将用完钚核的储存空间。因为这些钚核不再送出去用来制造新炸弹核心。现在已提出的建议是允许潘特克斯扩大钚核的储存空间，钚核将"暂存"在厂区 6~10 年。在那以后，可能把钚核迁往另一个储存点。

较大的危险发生在运输中。过去是用"白色列车"，现在则由 70 辆专用装甲卡车组成的车队，全副武装的卫兵押运。

用卡车运往潘特克斯的炸弹、弹头和炮弹送到一个叫 4 区的区域，暂时储存在由钢筋混凝土建成的"圈顶工事"掩体内。上面覆盖着厚厚的土层，然后送到有 8 个"隔舱"——屏蔽严密的大房间。墙壁是由 2 英尺厚的混凝土层中间夹着 15 英尺的土组成，人口处有 1100 磅重的门保护。地面上铺的是涂料屑片与聚氨基甲酸乙酯混合在一起形成的一种海绵状物质，这种物质一般不会引起炸药爆炸。

技术人员在其中的一个隔舱内操作一台大功率的 X 射线机。武器放在一个大转台上。通过屏幕可以检测武器瑕疵。

经 X 射线检查之后，武器便进入一个组装拆卸隔舱。在这个强化加固的舱内，工作人员把武器拆成分装件。例如，空军和海军飞机运载的 B－61 万能炸弹被拆成 4 个部分：头锥、装有放射性物质的中心部分、打开保险部分以及装有降落伞的尾部。

工作人员拆卸武器需用 1 天到 3 周不等的时间。然后把头锥送到堪萨斯城能源部的一个工厂，装有放射性物质和化学炸药的部分称为"物理组件"，另作专门处理；余下部分送回其他设施或"销毁"，以保护保密的设计信息。从要销毁的零部件上回收黄金和贵金属。

从武器上拆卸下来的钚核放在支架上，安装在钢容器内。将容器储存在潘特克斯 60 个圆顶工事的 18 个圆顶内，其余 42 个供储存武器用。

钚积存在潘特克斯的最终命运如何，五角大楼和能源部并不急于为他们储存的钚寻找一个长眠处，因为公众抗议很可能会限制政府重新使用制造可裂变物质工厂的能力。

对核弹头的运载工具如何处置呢？

不妨看看俄罗斯的情况。

众所周知，由于签署了第一阶段和第二阶段进攻性战略武器条约，俄罗斯应该在 2003 年以前同乌克兰和哈萨克斯坦一起削减并销毁约 1200 枚陆基导弹。还应销毁数百枚按计划应予削减的或使用保障期已到的潜艇弹道导弹。销毁这些导弹会对周围环境造成不良影响。对生态安全构成威胁的主要成分，是液体和固体的核燃料以及核弹头。

同时，属于销毁之列的导弹90%以上用的是液体燃料。其中使用氮四价元素作为氧化剂，该元素经过简单的化学加工可变成在化学生产中普遍使用的硝酸，尤其常用于化肥生产。作为燃料使用的剧毒物质庚基化合物的情况更为复杂，这种物质会造成人体神经麻痹或窒息。在这一点上，庚基化合物近似化学毒剂，它在水中的可溶性强，能够深入土壤，可以长久地保持自己的毒性。

　　目前在液体火箭中，燃料箱里还保存有成千上万吨剧毒的庚基化合物。问题随之而出：怎么处理？有三种有效处理庚基化合物的途径：按其直接用途使用，制造其他有益物质或销毁。利用其直接用途的建议是：安全保存期内的导弹的某些部分，可以用于向轨道发射各种用途的人造卫星。比如说，目前广泛使用于发射卫星的运载火箭"质子"的发动机就是靠庚基化合物工作的。

　　有效利用庚基化合物的第二种用途，包括对庚基化合物进行中和、解毒和转为安全的化学物质。但研究显示，中和庚基化合物的化学方法，尚未解决。

　　在抽出液体燃料火箭的燃料后，为了分解火箭外壳，须预先把它从发射井中运走，运到专门的工厂。要用热蒸汽彻底清除燃料箱和输送管道中的剩余燃料。同时，形成的所谓生产污水，还需进行再处理。

　　最近研制出了使生产污水变为无害物质的辐射化学方法。其显著特点是不会污染环境。使固体火箭燃料变废为宝，也是重要的科学技术问题。实际上这种燃料是带有某些能提高其动力性能并改善其物理、化学性质的添加剂的特种火药。在分解固体火箭时，机械性破坏（不引爆）和从火箭外壳里取出燃料是相当复杂而且危险的时刻。

　　最后，我们再来看一看炸毁导弹发射井的盛况。

　　中亚草原被巨大的爆炸声所震撼。前苏联时代设置在哈萨克斯坦的洲际弹道导弹SS-18的发射井和地下司令部，在高性能炸药的爆炸声中陆续被毁掉。这是根据第一阶段削减战略武器条约采取的具体步骤，炸毁发射井和地下司令部，同拆卸、运输和销毁核弹头与导弹一起，形成了冷战善后处理事宜的基础。

　　战格斯托贝地处作为前苏联最大的核试验场而遐迩闻名的塞米巴拉金斯克以南180千米。周围被寂静的大草原环抱，能够听到的只有鸟鸣和苍蝇的嗡嗡声。

1995 年 6 月 15 日下午 1 时，对面的山丘上升起了红色信号弹。此后不久，在距离 800 米远的地方火焰冲天，火焰逐步向周围蔓延，一股股像蘑菇云那样的黑烟腾空而起。

地面出现了震荡。随着巨大的轰鸣声，圆盘一样的东西飞向天空，碎片雨点般地落下来。白烟柱升向 200 米高的上空，在空中飘舞。

炸毁在冷战时代为了与美国对峙而设置的洲际弹道导弹的发射井，转瞬之间便告结束。

看似圆盘飞舞的东西，原本是发射井五角形的钢掩装置，重量为 120 吨。旁边深 40 米的发射井遗迹，宛如突然张开了大口。

破坏一个发射井，需要使用约 2 吨的高性能炸药。士兵把缆绳系在身上，下到 6 米深的地方，把炸药放在 6 个地方。

在扩充军备的时代，战略火箭部队军官是前苏联军队尖子中的尖子。战略火箭部队管理的发射井设计得极为牢固，它能够经得起发射高热和敌人的轰炸。然而，时下他们的使命是研究发射井的结构，寻找其弱点，并通过自己的双手将其炸毁，使之不能使用。

引爆前，战略火箭部队一位师级大校对人们说："请诸位好好看一看，花费 30 年时光才建成的体系是怎样毁于一旦的。"

第二天，即 1995 年 6 月 16 日，虽然不允许人们参观地下司令部的具体配置。但他们介绍，在各个团的地下司令部里，曾配有发射核导弹的钥匙，有值班军官坐在那里。涉及军队机密的装置，事先已全部拆走，与前一天一样，爆炸也是在瞬间完成的。

在销毁发射井之前，从导弹上拆下了核弹头，运送到俄罗斯。一座发射井要取出几十吨的毒性很强的液体燃料，运往哈萨克斯坦的拜克努尔宇航基地和俄罗斯。

导弹本身全部运往俄罗斯，在工厂内拆卸。

军事基地关闭。往昔，这座基地住着 1.4 万名军人及其家属，面积 4 平方千米。军人已经撤走，如今只剩下少部分人。

铀的同位素

铀有三种同位素，铀－234、铀－235 和铀－238。

铀－235 同位素是连锁反应极佳的原料。它很难得到，仅占铀材料的百分之一，甚至更少。

铀的另一种同位素是铀－234，它仅以极微弱的数量显现出来。因而，99% 以上的铀是重同位素——铀－238。它有 92 个质子和 146 个中子。

让人遗憾的是，它像潮湿的纸一样。中子冲进铀－238 的原子核后，就停在那里不动了。

当然，这并不是坏事，"天生我才必有用"。它还有着别的用途。只不过是，它不能让原子火焰"永照"。

那么，有没有别的元素或同位素能起作用呢？

有的！有一种名叫钚的元素，可以说是优良的原子燃料。

钚从原子核看，有 94 个质子和 145 个中子。

打个比方说，如果把铀－238 放在原子灶上用中子来"烹调"它，就可以得到钚。

当中子冲击铀－238 的原子核，并被"缠"在其中时，我们将得到一个有 92 个质子和 147 个中子的新的铀同位素。它的中子太多，所以是一个很不稳定的核子。不过，它不破碎。反之，它很快开始瓦解。其中一个中子会神奇地转变为质子，因而，会突然地从原子核中射出一个电子。

这样，我们就有了一个名叫镎的新元素，它有着 93 个质子和 146 个中子。但是，这个原子核仍然相当虚弱。有一个中子转变为质子，而冒出一个电子。这样一来，我们就得到了钚。

建造核坟墓

俄罗斯总共需要拆卸的核弹头约 1.8 万 ~ 2 万枚。

必须考虑到，核弹头是有着非常巨大的潜在危险的东西，会对人和周围环境构成严重威胁。因此，存在一个规则：拆卸每一种弹头都应在它的生产厂家进行，并且要由安装弹头的专家们亲自拆卸。据美国专家估计，拆卸每一个弹头的费用因它的复杂性不同而定，从 3 万美元到 15 万美元不等。

大量拆卸核弹头会引起科技问题、经济问题以及与裂变核物质有关的生态问题。目前拆卸核火箭的一个薄弱环节就是要建设现代化的专门用于安全存放高浓缩铀和钚的仓库。

为保障核及生态安全，从弹头拆卸下来的由铀或钚构成的 5 ~ 8 千克部件，都要放进专门的金属盒保存。同样，这些金属盒将放入充满惰性气体和某些防护物质的密封钢容器。这些容器应保存在位于地下深层的专门仓库里，仓库必须装备多套保卫、防御和消防系统，并要保持最佳的温度和湿度。

据估计，俄罗斯或美国的所有核弹头里总计约有 100 吨钚和 500 吨高浓缩铀。

在科技计划中，通过下列方法有效利用高浓缩铀的途径相对比较简单：把铀的浓度稀释加工到 3% ~ 4% 铀 – 235，并用它制成核电站所需的释热元件。俄罗斯和美国之间签署了关于向美国出售 500 吨适合核电站使用的俄罗斯军用铀。

处理军用钚的问题更加复杂。目前无论是美国还是俄罗斯，在有效利用和消除钚的方面，都没有掌握生态上安全、经济上可承受的工艺。由于钚是剧毒品，而且它的半衰期长 (2.4 万年)，处理钚的难度就更大了。2 ~ 3 克的钚在 1 平方千米的面积上扩散，就会使当地居民的生活在未来几千年受到不良影响。

另一个问题是作为战略武器的核潜艇用的动力反应堆。

前苏联海军从 20 世纪 60 年代初开始大量装备核潜艇，使前苏联成为世界上拥有核潜艇最多的国家之一。冷战结束后，绝大多数前苏联的核潜艇由俄罗斯继承。不过，此时落到俄罗斯手里的核潜艇其核威慑战略作用所剩无几。

因为前苏联当时只求在数量上取得压倒优势而仓促发展的第一、二代核潜艇，无论是性能还是质量，都不敢恭维，再经过几十年的风吹浪打，海水侵蚀，已经大多陈旧不堪，已到了非淘汰不可的地步。据俄罗斯海军知情人士透露，俄罗斯太平洋舰队已有大批老式核潜艇领取了"退休证"，停靠在俄罗斯远东地区的波斯特瓦亚湾。由于旷日持久地停靠在港湾内，又没有资金和人力进行维修保养，这些核潜艇从外壳到主体构件大多发生破坏性锈蚀。核潜艇的心脏——核反应堆，虽然没有直接浸在海水中，但也锈蚀得十分严重。为了防止核反应堆引起核泄漏，俄海军专家向这些核反应堆里注入了大量强力防腐剂，以减缓锈蚀。但谁都清楚，这种治标不治本的缓兵之计是无法彻底解决问题的。

几十年前核潜艇刚刚问世时，前苏联和美国的核潜艇专家们设计的处理退役核潜艇的方案几乎完全一致：将废旧核潜艇整个沉到大洋深处了事。但随着科技进步，人类环保意识日益增强，将废旧核潜艇沉没海底的方案已行不通了。

俄罗斯海军在波斯特瓦亚湾旁边建造了一座拥有成套大型技术设备的专业化核潜艇拆船厂。在这儿，废旧核"心脏"是这样被摘除的：专业工人先卸下核反应堆外部的活动钢板，再拆下核反应堆调控装置的防辐射外壳，然后将原先进行核反应的复杂的管路拆下，小心地装进专用防辐射装载缸里。最后再把装载缸移到早已停靠在核潜艇一侧的修理船上的贮藏库里，并运到专门堆放核废料的地下埋藏点永久存放，或称"核坟场"。

被摘除了"心脏"的废旧核潜艇的"尸体"被运到另外一座工厂。在这里，庞大的艇体被切割成若干部分，然后把拆下来的各种有用金属、橡胶等加以回收利用。据统计，平均一艘核潜艇可拆下 300 吨橡胶，而拆下来的钢铁，如制成钢板则可装满两列火车。可见，废旧核潜艇的利用，其经济效益是明显的，从保护生态环境上讲，其意义也是很大的。

但这种"理论"上的"良性回收利用法"却令财政上捉襟见肘的俄罗斯海军部门徒呼奈何。

事实证明了拆卸和消除核潜艇放射性污染的工作规模。目前已有 150 艘核动力船、舰闲置在港口。根据第一阶段和第二阶段的进攻性战略武器条约，到 21 世纪初，这些船舰的数量将达到 200 艘，其中包括 150 艘核潜艇。每艘舰艇上有 1～2 个核反应堆。现有的处理设备，每年只能有效解决 2～3 艘核潜艇。

分解并取出反应舱、清除已用过的反应燃料并运往加工、存放地等作业，从生态角度看是最复杂的作业。为了保障运输安全，特别设计了专门的火车厢，里面装着带有释热的容器。这样的车厢和容器，可以保障在发生事故、火灾和破坏活动时的安全。

由于缺乏足够的仓库，俄罗斯暂时不能完全放弃把核潜艇的一些核废料留在海洋底部的做法。

这样，最后的下策是建核坟墓。

例如，俄罗斯海军专家已经决定，为 1989 年沉于挪威北部、躺在 1600 米深公海海底的淤泥中的俄"共青团员"号核潜艇，建造一个特殊的"坟墓"，以防舰艇内的放射性物质辐射出来。造墓用的是能够吸收钚的特殊材料。

俄民防、紧急情况和消除自然灾害后果部的一位官员说，用水下机器人建成这个墓大约需要 1 个月的时间。他说，艇内核反应堆是安全的，没有放射现象发生。100 年后反应堆自然熄灭。

第二章

核能利用的发展与展望

横空出世的核能

人类在发现原子核蕴藏的巨大能量后，却并没有把它立即用在造福人类的领域上。相反，这种巨大的能量先是原子弹的爆炸中体现出来的。

1938 年，伊伦·居里和沙维奇从铀的被轰击的产物中发现了一种新的放射性元素，它的化学性质和镧完全相同（后来证明是周期表中的 57 号元素镧 141）。伊伦·居里发表了他们的成果论文，但是他们并没有弄清楚镧的来源。哈恩和斯特拉斯曼对居里实验室的新发现产生了浓厚兴趣，重复着用中子射击铀原子核的核反应试验。他们经过精密的分析，最终也发现获得的核反应生成物是原子核比铀要轻得多的钡。这使他们深感意外。哈恩和斯特拉斯曼感到这是一个很重要的发现，认为把这个新发现尽快公之于世很有必要。为慎重起见，经再三考虑之后，哈恩给奥地利女物理学家梅特纳寄了一份论文，听取她的意见。梅特纳和她的年轻的侄子弗瑞士对此进行了热烈的讨论，接受了玻尔设想的原子核"液滴"模型。

梅特纳和弗瑞士决定将他们两人讨论的结果合作为一篇论文。当时，弗瑞士在哥本哈根有一位名叫阿诺德的朋友，是一位生物学家。他了解到梅特纳和弗瑞士正在研讨的新问题以后，非常感兴趣。结果，他对梅特纳和弗瑞士说了一句对他们而言非常有启发的话："根据你们所描述的，原子核就像一滴液滴，被中子击中以后，就会分裂成为两个原子核，这种情形，特别像我在显微镜下面观察到的细胞繁殖时的分裂现象，想不到原子核也会分裂，大自然的结构是多么相似，又是多么微妙啊！"

哈恩和他的助手

德裔美国科学家爱因斯坦

梅特纳和弗瑞士受到阿诺德的启发，就用细胞分裂中的"分裂"这个词来表示原子的这种变化，把它称为"核裂变"或"原子分裂"。铀核裂变为两个碎片，也就是裂变为两个新的原子核的消息迅速传遍了全世界。紧接着，各国科学家们都相继证实：铀核确实是分裂了。

铀核分裂产生的这种能量是一种不同于以往的新形式的能量，这个能量就是原子核裂变能，也称"核能"或"原子能"。原子能要比相同质量的化学反应放出的能量大几百万倍以上！1千克铀发出的原子能可以用来发2000万千瓦·时的电，如果做火车的动力，可以不停地环绕地球一周；用在飞机上，飞机能以每小时1300公里的速度环绕地球飞行两圈半。当时，人们只注意到了释放出的巨大能量，却将释放中子的问题忽略了。不久，哈恩、约里奥·居里等又发现了更为重要的一点，铀核裂变在释放出巨大能量的同时，还释放出两、三个中子。

一个中子击碎一个铀核，产生能量，释放出两个中子。这两个中子又击中另外两个铀核，产生两倍的能量，再释放出四个中子来。这四个中子又击中邻近的四个铀核，又产生四倍的能量，再释放出八个中子来……以此类推，这样一环扣一环的连锁反应一直持续下去，就会释放出令人感到恐怖的能量。

爱因斯坦对原子物理学的发展也作出了巨大的贡献。阿尔伯特·爱因斯坦是举世闻名的德裔美国科学家，也是现代物理学的开创者和奠基人。早在1905年，爱因斯坦就发表了狭义相对论的原始论文。作为相对论的一个推论，他又提出了质能关系。这种关系的发现，对解释原子能的释放具有重大的意义。他认为，质量也可以转变为能量，并且这种转变的能量非常巨大。原子能是从哪里来的呢？我们知道，铀核裂变以后产生碎片，把所有这些碎片的质量加起来，比裂变

罗斯福

以前的铀核要轻，缺少了一部分质量——缺少的这部分质量就转变成了原子能。

不过，科学家们却对原子核的分裂忧心忡忡，因为原子核释放的超级能量不但可以缓解能源危机、造福人类，而且也可能把人类推向灾难的深渊。然而，这个担忧最终还是成为了现实：后来，从匈牙利逃到美国的西拉德等科学家找到了费米，决定上书罗斯福总统，敦促美国筹划研制原子弹的工程计划，并请爱因斯坦签名。罗斯福采纳了这个建议，并且把研制原子弹的计划称为"曼哈顿工程计划"。

美国物理学家费米

1941 年 12 月 7 日，日本偷袭珍珠港，第二次世界大战的触手伸向了太平洋地区。之后不久，美国正式向日本、德国、意大利宣战。在这个背景下，美国政府加快推动实施原子弹研制的曼哈顿工程计划。制造原子弹之前，必须先建造核反应堆，因为必须在核反应堆的实验中取得设计原子弹所需要的许多重要数据。1942 年 11 月，这个反应堆主体工程正式开工。由于机制石墨砖块、冲压氧化铀元件以及对仪器设备的制造很顺利，工程进展很快，人们几乎是昼夜不停地工作着。在芝加哥大学足球看台下面的地下网球场里，人们建造了世界上第一座由 40 吨天然铀短棒和 385 吨石墨砖构成的人工核反应堆。费米一直亲临建造现场，根据工程进展情况和实测结果，证明原来的设计非常精确。他能够预言出几乎完全精确的石墨－铀砖块的数目，这些砖块堆到了这个数目，就会发生链式反应。1942 年 12 月 2 日，世界上第一座原子核反应堆开始运转。虽然从反应堆发出的功率只有 0.5 瓦，还不足点亮一盏灯，但其意义非同小可，它首次实现了自持链式反应，从而开始了受控的核能释放，标志着人类从此进入核能时代。这座原子核反应堆被命名为"芝加哥第一号"（CP—1）。

据费米的夫人罗拉回忆："在芝加哥大学的校园里，有一所破旧而古老的建筑，像个有炮塔和城垛的足球场的西看台。第一座原子核反应堆就是在这看台下面的室内网球场里，由一个科学家小组建造的。当时，离指望达到目标的日期异常紧迫，他们都以最快的速度，在极端保密的方式下，进行着这件工作。那时，第二次世界大战正打得吃紧，在网球场里工作的那些人，心中明白他们的探索将使得原子武器的研制成为可能。经过极为艰苦的努力，他们终于成为第一批目睹物质的确可以完全按照人类的意愿而放出其内部能量的人。在这当中，我的丈夫费米是他们的领导者。"

至今，为了纪念当年的壮举，在芝加哥大学的外墙上，仍然铭刻着如下的碑文："1942 年 12 月 2 日，人类于此首次完成自持链式反应的实验并因而开始了可控的核能释放。"

毁灭一座城市的"小男孩"

1939 年，世界各地的科学家几乎不约而同地完成了铀裂变时能放出多余中子的实验，从而能够实现铀的链式反应。但遗憾的是，由中子引起的铀裂变的发现时间正是第二次世界大战前夕，从而使得这一伟大发现最终被用于战争，夺去了成千上万的生命。

以希特勒、墨索里尼为首的法西斯势力将科学视作异己力量，把知识分子看做打击对象。于是，一大批年轻的、才华横溢的欧洲各国科学家，如维格纳、冯纽曼、西拉德、泰勒等，都在纳粹的恐怖活动中纷纷潜逃至美国。他们害怕希特勒第一个掌握原子武器，在政治热情的驱使下，他们在美国成了核武器研制的积极参与者。

原子弹爆炸后的日本广岛

"曼哈顿工程"计划投资 25 亿美元，由美国陆军工兵部队全面负责研制原子弹。该计划动用 10 多万科技人员和工人，在绝对保密的情况下加紧研制。1945 年 7 月 16 日凌晨，第一颗原子弹在美国新墨西哥州阿拉默多尔空军基地的沙漠地区爆炸成功，其威力相当于 1500～2000 吨 TNT 炸药。原子弹问世是本世纪影响人类历史进程的一项重大科技成就，人类由此进入了核时代。第一颗原子弹爆炸成功之后不久，就作为武器得到应用。

　　1945 年 5 月 8 日，第二次世界大战的罪魁祸首德国法西斯宣布无条件投降。7 月 26 日，美国、英国和中国三国发表《波茨坦宣言》，敦促日本迅速无条件投降，但日本政府置之不理。为迫使日本迅速投降，使战争早日结束，美国决定对日本使用核武器。1945 年 8 月 6 日凌晨 2 时 45 分，负载甚重的"安诺拉盖"号 B－29 型轰炸机从提尼恩岛跑道上吃力地起飞，并一直飞向日本。等飞机飞入空中之后，所携炸弹才打开保险。机长蒂比茨告诉机务人员："我们这次是为了创造历史而飞行……我们携带的是第一颗原子弹。"

　　8 时 15 分，"安诺拉盖"号 B—29 轰炸机飞临日本广岛市区上空，投下了一颗代号为"小男孩"的原子弹。"小男孩"是一颗重约 4 吨的铀弹，长 3 米，直径为 0.7 米，内装 60 千克高浓铀，TNT 当量为 1.5 万吨。"小男孩"在距地面 580 米的空中爆炸，充分显示了核武器的狰狞面目：刹那间，在一道强烈的蓝光闪过之后，整座城市化为一座人间地狱。在巨大冲击波的作用下，广岛市的建筑在一瞬间全部倒塌，全市 24.5 万人口中，当天就有 78150 人死亡，伤亡总人数达 20 余万。三天后，另一架美军 B－29 轰炸机又向长崎投下了一枚名为"胖子"的原子弹。这两枚原子弹的爆炸，给日本广岛、长崎带来巨大的灾难，造成巨大的人员伤亡和财产损失，同时也加快了"二战"结束的脚步。

具有巨大潜力的核能

众所周知，石油、煤炭、天然气的生成需要亿万年，而人类大规模的开采利用使它们越来越少；水力资源也是有限的；地热、风力、波浪、潮汐、太阳能等可再生能源至今还没有实现大规模工业应用。因此，人类已经陷入能源危机之中，必须寻找新能源，以满足自身日益增加的对能源的需求。核能是新兴的能源，也是高科技的产物，核能的开发利用无疑是人类 20 世纪最伟大的发明之一。在传统能源的弊端日益显现的今天，核能是安全、清洁、高效的能源，它在产生极其巨大的电力的同时，不会增加正在变暖的地球的负担，是有着很大潜力的新型能源。核能是一种廉价、能量集中、地区适用性强、具有巨大潜力和发展前景的能源，已给拥有核能的国家带来了巨大的利益。目前，全世界共有将近 500 座核电站，全年总发电量占世界总发电量的 17%，而且核电站的数目还在继续增加。

核电的发电成本由运行费、基建费和燃料费三部分组成。核电站的运行费和火电站的差不多，但核电站运行可靠，每年利用的时间最高达 8000 小时，平均约为 6000 小时。核电站的燃料费比火电站的要低得多。比如：一座 100 万千瓦压水堆核电站，每年需要补充 40 吨燃料，其中只消耗 1.5 吨铀－235，其余的尚可收回，所以燃料运输是微不足道的。然而，对一座 100 万千瓦的火力发电厂来说，问题就要复杂多了：这样的发电厂每年至少要消耗 212 万吨标准煤，平均每天要有一艘万吨巨轮或者三列 40 节车厢的火车把煤运到发电厂，运输负担之沉重是可想而知的。实践表明，核电站的基建费虽然高于火电站，但燃料费要比火电站低得多，而两者的运行费又相差不多，所以折算到每度电的发电成本，核电已普遍低于火电约 15%～50%。火电的燃料费约占发电成本的 40%～60%，而核电只占 20%～30%。同时，火电厂的发电成本受燃料价格的影响要比核电站大得多。

由于核电站系统的复杂性和出于安全方面的考虑，它的基建费比火电站高，一座10~20万千瓦容量的轻水堆比相同功率火电站的基建费约高100%（100万千瓦的轻水堆比同功率火电站的基建费高60%~70%），重水堆和气冷堆的基建费还要贵一些。但是，核电站的整个发电成本还是比火电站便宜。核电的经济性与安全性已是毋庸置疑。核电站不排放二氧化硫、二氧化碳和重金属，这比用火力发电要干净许多。

核能是可持续发展的能源。据估计，在世界上核裂变的主要燃料铀和钍的储量分别约为490万吨和275万吨，这些裂变燃料足可以使用很长时间。自然界中，氢元素还有两种同位素——氘和氚。轻核聚变的燃料是氘和锂，氘在地球上储量十分丰富，人们可以从海水中提取。每升海水中含有30毫克氘，这些氘在聚变反应中能产生约等于300升汽油的能量，即"1升海水约等于300升汽油"；1克氘核聚变成氦核时，将产生10万千瓦·小时的能量。如果折合成石油，一桶海水中所含的氘的能量相当于400桶优质石油。地球上海水中有40多万亿吨氘，如果把地球上所有海水中的氘的能量通过核聚变反应都释放出来，足够人类使用百亿年。地球上的锂储量有2000多亿吨，锂可用来制造氚，足够人类在核能时代使用。而且，以目前世界能源消费的水平来计算，地球上能够用于核聚变的氘和氚的数量可供人类使用上千亿年。因此，只要能充分开发利用核能，人类就不必为能源枯竭而犯愁。

目前，在世界范围内，能源、资源与环境问题已成为困扰当代社会与经济发展的重要制约因素。发达国家的成功经验已证明，发展核能（核电、核热）是克服这些制约因素的重要途径和手段之一。有关能源专家认为，如果掌握了核聚变技术，那么人类将能从根本上解决能源问题。从这个意义上可以说，核能都是潜力巨大的替代能源。

核电厂的心脏——核反应堆

我们常从各种媒体上看到和听到"核反应堆"这个词。那么，什么是核反应堆呢？简单地说，核反应堆就是能维持可控自持链式核裂变反应的装置。从更广泛的意义上讲，反应堆这一术语应覆盖裂变堆、聚变堆、裂变聚变混合堆，但一般情况下仅指裂变堆。核反应堆是核电厂的心脏，核裂变链式反应就是在其中进行的。反应堆由堆芯、冷却系统、慢化系统、反射层、控制与保护系统、屏蔽系统、辐射监测系统等组成。

堆芯由燃料组件构成，是反应堆的心脏，装在压力容器中间。反应堆的燃料并不是煤和石油，而是非常稀有的可裂变材料——铀。正如锅炉烧的煤块一样，燃料芯块是核电站"原子锅炉"燃烧的基本单元。自然界天然存在的易于裂变的材料只有铀 – 235，它在天然铀中的含量仅有 0.711%（另外两种同位素铀 – 238 和铀 – 234 各占 99.238% 和 0.0058%，后两种均不易裂变）。另外，还有两种利用反应堆或加速器生产出来的裂变材料——铀 – 233

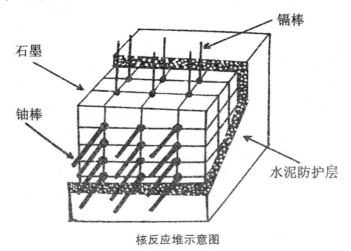

核反应堆示意图

和钚–239。用这些裂变材料制成金属、金属合金、氧化物、碳化物等形式，作为反应堆的燃料。

堆芯的芯块是由二氧化铀烧结而成的，含有2%~4%的铀–235，呈小圆柱形，直径为9.3毫米。把这种芯块装在两端密封的锆合金包壳管中，就成为一根长约4米、直径约10毫米的燃料元件棒。将200多根燃料棒按正方形排列，再用定位格架固定，就组成燃料组件。每个堆芯一般由121~193个组件组成。因此，一座压水堆的堆芯需要几万根燃料棒、1000多万块二氧化铀芯块。

为了使链式反应的速度保持在一个预定的水平上，就必须用吸收中子的材料做成吸收棒，这个吸收棒叫做"控制棒"和"安全棒"：控制棒用来补偿燃料消耗和调节反应速率；安全棒用来快速停止链式反应。吸收体材料一般是硼、碳化硼、镉、银铟镉等。

为了将裂变的热导出来，反应堆必须有冷却剂。常用的冷却剂有轻水、重水、氦和液态金属钠等。由于慢速中子更易引起铀–235裂变，而中子裂变出来则是快速中子，所以有些反应堆中要放入能使中子速度减慢的材料，这就是慢化剂。一般慢化剂有水、重水、石墨等。反射层设在活性区四周，它可以是重水、轻水、铍、石墨或其他材料，能把活性区内逃出的中子反射回去，减少中子的泄漏量。反应堆周围设屏蔽层，减弱中子及 γ 射线剂量。该系统能监测并及早发现核泄漏情况，以防止造成严重后果。

核反应堆的种类

核反应堆家族人丁兴旺，成员众多。按照反应的类型，核反应堆分为核裂变反应堆和核聚变反应堆两类。核裂变反应堆是指在其中维持可控核裂变反应的装置。核裂变反应堆按用途可分为生产堆、动力堆、试验研究堆；按冷却剂和慢化剂分为压水堆、沸水堆、重水堆、气冷堆、石墨水冷堆等；按中子能量分为快中子堆、中能中子堆和热中子堆等。核聚变反应堆是另一种类型的核反应堆。核聚变反应堆是指在其中维持可控核聚变反应的装置，这类反应堆可分为磁约束核聚变反应堆、激光核聚变反应堆等。根据用途，核反应堆可以分为以下几种类型：将中子束用于实验或利用中子束的核反应堆，包括研究堆、材料实验等；生产放射性同位素的核反应堆和生产核裂变物质的核反应堆，称为"生产堆"；提供取暖、海水淡化、化工等用的热量的核反应堆，如多目的堆；为发电而产生热量的核反应堆，称为"发电堆"；用于推进船舶、飞机、火箭等的核反应堆，称为"推进堆"。

研究性反应堆是指用作实验研究工具的反应堆，它不包括为研究发展特定堆型而建造的、本身就是研究对象的反应堆（如原型堆、零功率堆、各种模式堆等）。研究实验堆的实验研究领域很广泛，包括堆物理、堆工程、生物、化学、物理、医学等，同时还可生产各种放射性同位素和培训反应堆科学技术人员。研究实验堆种类很多，例如：游泳池式研究实验堆：在这种反应堆中，水既作为慢化剂、反射层和冷却剂，又起主要屏蔽作用，这种反应堆由于水池常做成游泳池状的长圆形而得其名；罐式研究实验堆：由于较高的工作温度和较大的冷却剂流量只有在加压系统中才能实现，因此必须采取加压罐式结构；重水研究实验堆，重水的中子吸收截面小，允许采用天然铀燃料，它的特点是临界质量较大，中子通量密度较低，如果要减小临界质量和获得高中子通量密度，就用浓缩铀来代替天然铀。此外，还有固体慢化剂研究实验堆、均匀型研究实验堆、快中子实验堆等不同类型。

日本一座核电站的反应堆

生产反应堆主要用于生产易裂变材料或其他材料，或用来进行工业规模辐照。生产堆包括产钚堆、产氚堆和产钚产氚两用堆、同位素生产堆及大规模辐照堆，如果没有特别指明，我们通常所说的生产堆是指产钚堆。该堆结构简单，生产堆中的燃料元件既是燃料又是生产钚－239 的原料。中子来源于用天然铀制作的元件中的铀－235。铀－235 裂变的中子产额为 2～3 个，除维持裂变反应所需的中子外，余下的中子被铀－238 吸收，即可转换成钚－239，可以说，平均每烧掉一个铀－235 原子可获得 0.8 个钚原子。也可以用生产堆生产热核燃料氚，用重水型生产堆生产氚的效率要比用石墨生产堆的效率高出 7 倍。

动力反应堆是以生产动力为目的的反应堆。根据用途不同，可分为电站用反应堆、推进用反应堆和供热用反应堆，其用途包括工业供汽、城市供暖和海水淡化等。目前，建造数量多、工艺比较成熟的堆型有轻水堆（包括压水堆和沸水堆）、重水堆（主要是坎杜堆）、天然铀石墨气冷堆、低浓铀石墨气冷堆（改进气冷堆）等热中子动力堆和正在发展的高温气冷堆。到目前为止，将快中子增殖堆用作动力堆还处于发展阶段。

另外，核反应堆根据燃料类型，可分为天然气铀堆、浓缩铀堆、钍堆；根据中子能量，可分为快中子堆和热中子堆；根据冷却剂（载热剂）材料，可分为水冷堆、气冷堆、有机液冷堆、液态金属冷堆；根据慢化剂（减速剂），可分为石墨堆、重水堆、压水堆、沸水堆、有机堆、熔盐堆、铍堆；根据中子通量，可分为高通量堆和一般能量堆；根据热工状态分为沸腾堆、非沸腾堆、压水堆；根据运行方式分为脉冲堆和稳态堆等。核反应堆在概念上可有近千种设计，但能够应用于实践的却很有限。下面简单介绍几种常见的反应堆。

1. 轻水反应堆

轻水反应堆，简称"轻水堆"。这种反应堆是以轻水（经净化的普通水）作为冷却剂和慢化剂的反应堆，包括压水堆和沸水堆，是目前世界上数量最多的核发电堆型。轻水的优点是价廉易得，但由于它的中子吸收截面比重水大，轻水堆不能用天然铀做燃料，而只能用低浓铀做燃料。轻水与液态金属钠相比，其沸点比较低，要得到高温必须保持很高的压力，因此必须要求压水堆要保持 15～16MPa 的压力。

2. 压水反应堆

压水反应堆是指一回路冷却水在高压（15～16MPa）下通过反应堆容器循环运行，一回路水温度达 320℃左右仍保持液态而不沸腾的反应堆。压水堆以低浓二氧化铀作燃料，净化的核纯轻水作冷却剂和慢化剂。一回路的冷却剂将堆芯发出的热量通过蒸汽发生器热量传递给二回路水，并产生蒸汽推动汽轮发电机发电。压水堆的燃料浓缩度为 3%，以锆合金作包壳，每 200 多根燃料元件组装成方型截面燃料组件安装在堆芯中。

3. 沸水反应堆

和压水反应堆一样，沸水反应堆也是轻水反应堆中的一种类型，它以轻水做冷却剂和慢化剂，允许一回路水在堆内发生一定程度的沸腾。沸水堆装置由反应堆压力容器、堆芯、堆内构件、汽水分离器、蒸汽干燥器、控制棒组件及喷泵等部分组成。堆芯安装在压力容器中心，由若干个单元组成，每单元有四盒燃料组件和一根十字形控制棒。燃料组件由燃料元件、定位格架及元件盒组成。燃料元件以 8×8 排列，采用二氧化铀燃料芯块，以锆 -2 合金做包壳，内部充氦气，端部加端塞焊接密封。堆内构件包括上栅板、下栅块、控制棒导向管及围板等部件。汽水分离器用来将蒸汽和水分离开来，蒸汽通过蒸汽干燥器除湿，以达到汽轮发电机的工况要求。

4. 高温气冷堆

高温气冷堆是用氦气做冷却剂、出口温度高的核反应堆。高温气冷堆采用涂敷颗粒燃料，以石墨作慢化剂。堆芯出口温度为 $850 \sim 1000℃$，甚至更高。核燃料一般采用高浓二氧化铀和低浓二氧化铀。根据堆芯形状，可以将高温气冷堆分为球床高温气冷堆和棱柱状高温气冷堆。与其他类型比起来，高温气冷堆具有热效率高、转换比高、安全性能好等优点。

5. 中能中子反应堆

中能中子是指平均能量介于热中子与快中子之间的中间状态的中子。中能中子反应堆是以中能中子引起裂变反应的核反应推。这种反应堆内也装有慢化剂，但它不会使裂变快中子慢化为热中子。

6. 脉冲反应堆

脉冲反应堆是指能在很短时间间隔内达到超临界状态，从而产生很高脉冲功率和很强中子通量，并能安全可靠地多次重复运行的反应堆。它分为热中子脉冲堆和快中子脉冲堆两类。脉冲反应堆除了用来从事研究工作和生产短寿命放射性同位素外，还可用来治疗癌症、中子照相、活化分析及辐照燃料和材料，可谓用途多多。

7. 增殖反应堆

增殖反应堆是一种烧掉一个裂变原子，可产生一个以上的新裂变燃料原子的核反应堆。利用增殖堆可把不能直接作为裂变燃料用的铀 -238 和钍 $-$

232 变成新的裂变燃料钚－239 和铀－233。增殖反应堆的燃料利用率较高，通过增殖堆可利用天然铀的 60% ~ 70% ，也可把储量丰富的钍资源利用起来，以补充天然铀的不足。增殖堆分为热中子增殖堆和快中子增殖堆。热中子增殖堆又分为轻水增殖堆和熔盐堆等；快中子增殖堆主要采用钠冷快堆。热中子增殖堆一般用铀－233 做燃料，以钍做增殖燃料；快中子增殖堆用钚－239 做燃料，用铀－238 做增殖材料。

8. 热中子反应堆

利用原子核反应原理建造的反应堆需将裂变时释放出的中子减速后，再引起新的核裂变，由于中子的运动速度与分子的热运动达到平衡状态，这种中子被称为"热中子"。热中子反应堆就是用慢化剂把快中子的速度降低，使之成为热中子（或称"慢中子"），再利用热中子来进行链式反应的一种装置。由于热中子更容易引起铀－235 等裂变，因此，用少量裂变物质就可获得链式裂变反应，显得方便而又快捷。

核反应堆的用途与运行

　　核反应堆并不只是用于发电，而是有许多用途。在其他方面也得到了广泛的应用，如核能供热、核动力等。核能供热是 20 世纪 80 年代才发展起来的一项新技术，这是一种经济、安全、清洁的热源，因而在世界上受到广泛重视。目前，在能源结构上，用于低温（如供暖等）的热源，占总热耗量的一半左右，这部分热多由直接燃煤取得，给环境造成了严重污染。在我国能源结构中，近 70% 的能量是以热能形式消耗的，而其中约 60% 是 120℃ 以下的低温热能。所以，发展核反应堆低温供热对缓解燃料供应和运输紧张、净化环境、减少污染等方面，都有十分重要的意义。

核供热是一种具有远大前途的核能利用方式。核供热不仅可用于居民冬季采暖，也可用于工业供热。特别是高温气冷堆可以提供高温热源，能够用于煤的气化、炼铁等耗热巨大的行业。核能既然可以用来供热，也一定可以用来制冷。清华大学在 5 兆瓦的低温供热堆上已进行过成功的试验。核供热的另一个潜在的大用途是海水淡化。在各种海水淡化方案中，采用核供热是最经济实惠的一种。在中东、北非地区，由于缺乏淡水，人们需要将大量海水淡化使用，因此将核能用于海水淡化大为可观。

裂变核能又是一种具有独特优越性的动力，它不需要空气助燃，可作为地下、水中和太空缺乏空气环境下的特殊动力；又由于它耗料少、能量高，是一种一次装料后可以长时间供能的特殊动力。例如：它可作为火箭、宇宙飞船、人造卫星、潜艇、航空母舰等的特殊动力。将来，核动力可能会用于星际航行。

裂变核能目前主要用于核潜艇、核航空母舰和核破冰船。由于核能的能量密度大，只需要少量核燃料就能运行很长时间，因此在军事上有很大优越性。尤其是裂变能的产生不需要氧气，从而使核潜艇可在水下长时间航行。

核动力航空母舰

因为核动力推进有如此大的优越性，所以，几十年来全世界已制造的用于舰船推进的核反应堆数目已达数百座，甚至超过了核电站中的反应堆数目（当然其功率远小于核电站反应堆）。现在，核航空母舰、核驱逐舰、核巡洋舰与核潜艇一起，已形成了一支强大的海上核力量，具有相当大的威慑力。

核反应堆的第二大用途就是利用链式裂变反应中放出的大量中子。我们知道，许多稳定的元素的原子核如果再吸收一个中子，就会变成一种放射性同位素，因此反应堆可用来大量生产各种放射性同位素。放射性同位素在工业、农业、医学上的广泛用途现在几乎尽人皆知。还有，现在工业、医学和科研中经常需用一种带有极微小孔洞的薄膜，用来过滤、去除溶液中极细小的杂质或细菌之类。在反应堆中用中子轰击薄膜材料可以生成极微小的孔洞，达到上述技术要求。利用反应堆产生的中子可以治疗癌症，因为许多癌组织对于硼元素有较多的吸收，而且硼又有很强的吸收中子能力。硼被癌组织吸收后，经中子照射，就会变成锂并放出 α 射线。α 射线可以有效地杀死癌细胞，治疗效果要比从外部用 γ 射线照射好得多。

核反应堆是如何运行的呢？核反应堆是核电站的心脏，它的工作原理是这样的：当铀－235 的原子核受到外来中子轰击时，一个原子核会吸收一个中子，分裂成两个质量较小的原子核，同时放出 2～3 个中子。裂变产生的中子又去轰击另外的铀－235 原子核，引起新的裂变。这种反应持续进行下去，产生大量热能，将水加热至超过 300℃。沸腾的水通过管道从反应堆里释放出来，带走热量，避免反应堆因过热而烧毁。导出的热量可以使水变成水蒸气，从蒸汽回路中出来的蒸汽推动带有螺旋桨的涡轮机旋转。涡轮机的转动又驱使交流发电机进行发电。

高速中子会大量飞散，因此需要使中子减速，增加与原子核碰撞的机会。核反应堆要依人的意愿决定工作状态，这就要有控制设施。铀及裂变产物都有强放射性，会对人造成伤害，因此必须有可靠的防护措施。还需要说明的是，铀矿石不能直接做核燃料，而是要经过精选、碾碎、酸浸、浓缩等程序，制成有一定铀含量、一定几何形状的铀棒，才能参与反应堆工作。

反应堆固有的安全性

在反应条件发生改变的情况下，反应堆本身具有防止核反应失控的工作特性，我们称这种特性为"固有的安全性"。固有特性来自反应堆本身所具有的负反应性温度效应、空泡效应、多普勒效应、氙和钐的积累和核燃料的燃耗等。

1. 负反应性温度效应

反应堆内各部分温度升高而再生系数 K 变小的现象称为"负反应性温度效应"，这种效应对反应堆的稳定性和安全性起着决定性作用。

2. 空泡效应

反应堆冷却剂中，特别是在沸水堆中产生的蒸汽泡，随功率增长而加大，从而造成相当大的负泡系数，使反应性下降，这个效应叫"空泡效应"。空泡效应有利于反应堆运行的安全。

3. 多普勒效应

多普勒效应是奥地利物理学家及数学家多普勒提出来的一个概念。这种效应是指裂变中产生的快中子在慢化过程中被核燃料吸收的效应。它随燃料本身的温度变化而有很大的变化。特别重要的是：这种效应是瞬时的，当燃料温度上升时，它马上就会起作用。

在裂变产物中积累起来的氙和钐是对反应堆毒性很大的元素，这两种元素很容易吸收热中子，使堆内的热中子减少，反应性下降。一般说来，反应堆长期运行之后，由于燃料的燃耗加深，反应性要下降。

以上这些效应一般都有利于反应堆运行的安全，但在一定的条件下，也有不利的一面。在轻水堆的情况下，有三个效应是起作用的：第一，由于燃料温度的上升，铀－238吸收中子的份额增加，从而使反应性有很大的下降（负反应性），是多普勒效应起了作用；第二，轻水慢化剂温度升高，其密度变小，中子与慢化剂碰撞的机会减少，中子慢化效果降低，反应性减小，是负反应性温度效应起了作用；第三，轻水冷却剂温度升高，就产生气泡，其道理与第二点相同，由于中子泄漏增加，反应性出现了很大的下降，这就是所谓的空泡效应。

在气冷堆的情况下，由于多普勒效应的作用，燃料给出了负的温度效应。另一方面，因为气冷堆的功率密度低，石墨的热容量大，所以当发生事故时，堆芯温度上升慢，二氧化碳冷却剂的密度低，即使在冷却剂丧失的情况下，对反应性几乎也没有什么影响，功率仍将继续上升。这时，要靠快停堆系统来控制。

20亿年前的天然核反应堆

　　大千世界，无奇不有。除了人工核反应堆之外，自然界也存在一个天然的核反应堆，这座核反应堆出现在距今20亿年前。它就是位于非洲加蓬共和国弗朗斯维尔城的奥克洛铀矿。奥克洛铀矿床的形成年龄为20亿年，分布在6个区域，铀矿石量大约为500吨。1972年，当这个矿区的铀矿石被运到法国时，人们发现其中一些铀矿铀－235的含量不足0.3%，低于0.711%的天然含量，似乎这些铀矿石早已被一个核反应堆使用过。科学家们对此大为震惊，于是亲自来到非洲进行实地调查，结果发现了该地区的天然核反应堆。科学家们认为，当地铀矿石中的铀曾经历了一个自给自足的链式裂变反应，并释放出大量的热能。

　　然而，让人感到困惑不解的是，奥克洛"核反应堆"的链式裂变并未出现失控的痕迹（否则将导致矿脉被破坏，甚至发生爆炸），一切都似乎是井然有序的。那么，奥克洛的天然核反应堆是如何完成自我有序控制的呢？据

《自然》杂志报道，科学家发现，奥克洛反应堆裂变的进行和停止是有周期性的。在持续15万年的一段时期内，每30分钟的裂变反应之后就会有两个半小时的间歇。

通过数十年的潜心研究，科学家们终于弄清了这座天然核反应堆的裂变过程。在这一过程中，铀原子发生核裂变并释放出中子，从而引起其他铀原子的裂变，最终导致核裂变并释放出热能之类的能量。现代的核反应堆正是运用这一原理来产生能量的。

那么，是什么充当了这些天然反应堆的缓和剂呢？科学家经过观察与实验，认为是矿石中的水充当了这一角色。当铀原子发生核裂变时，被释放出的中子运行速度极快，以至于不能被其他原子吸收，因而不能引发其他原子的链式裂变。但是，水能让中子的速度慢下来。在奥克洛的反应堆中，正是水的关键作用才让链式反应得以持续。不过，反应进行时会产生大量的热，这会把岩石中的水分蒸干。没有了水这种天然缓和剂，反应堆就会停止反应。只有当岩石冷却之后，水分含量又重新从地下水那里得到补充，才会开始下一次核反应。这就是天然反应堆能够自控的原因。

引爆核能的核燃料

在核反应堆中，核燃料占有极其重要的地位。核燃料是指可在核反应堆中通过核裂变或核聚变产生实用核能的材料。只有存在核燃料，核反应堆才能发生反应，产生核能。那么，核燃料都有哪些呢？重核的裂变和轻核的聚变是获得实用铀棒核能的两种主要方式。铀－235、铀－233 和钚－239 是能发生核裂变的核燃料，又称"裂变核燃料"。其中，铀－235 存在于自然界，而铀－233、钚－239 则是钍－232 和铀－238 吸收中子后分别形成的人工核素。从广义上说，钍－232 和铀－233 也是核燃料。氘和氚是氢的同位素，也是能发生核聚变的核燃料，又称"聚变核燃料"。氘存在于自然界，氚是锂6吸收中子后形成的人工核素。核燃料在核反应堆中"燃烧"时产生的能量远大于化石燃料。

目前已经大量建造的核反应堆使用的是裂变核燃料铀－235 和钚－239，很少使用铀－233。由于至今还未建成使用聚变核燃料的反应堆，因此通常说的核燃料指的是裂变核燃料。由于核反应堆运行特性和安全上的要求，核燃料在核反应堆中"燃烧"不允许像化石燃料一样一次烧尽，而要构成核燃料循环为了回收和重新利用核燃料，就必须进行后处理。

核燃料后处理是一个复杂的化学分离纯化过程，科学家们曾经研究过各种水法过程和干法过程。目前，各国普遍使用的是以磷酸三丁酯为萃取剂的萃取法过程，即所谓的普雷克斯流程。因为燃烧后的核燃料具有很强的放射性和存在发生核临界的危险，因此必须将设备置于有厚的重混凝土防护墙的设备室中并实行远距离操作以及采取防止核临界的措施。所产生的各种放射性废物要严加管理和妥善处置，以确保环境安全。实行核燃料后处理可更加充分、合理地使用已有的铀资源。

核燃料循环是指核燃料从开采、冶炼、加工、使用、处理、回收和再使用的全过程，实际上是为核动力反应堆供应燃料和其后的所有处理和处置过程的各个阶段。它包括核燃料的获得、使用、处理、回收利用的全过程。核燃料循环的具体内容有铀的采矿、加工提纯、化学转化、同位素浓缩、燃料元件制造、元件在反应堆中使用、核燃料后处理、废物处理和处置等。

核燃料循环方式有以下几种：

（1）一次通过：使用过的燃料元件不进行后处理，而直接作为废物加以处置。

（2）热中子堆中再循环：使用过的燃料元件经后处理回收其中未用完的铀和新产生的钚，返回重新制造元件，循环使用。

（3）快中子增殖堆中再循环：快中子增殖堆燃料由钚和贫化铀构成，使用过后，经后处理回收其中的铀和钚，返回循环使用。

在这种反应堆中，由铀－238吸收中子生成的钚比由于裂变而消耗掉的钚还要多，因此可以实现核燃料（钚）的增殖。此外，还有一种不常用的核燃料——钍，这种核燃料来自自然界中的钍矿。钍－232在反应堆中吸收中子后可转化为另外一种核燃料铀－233。因此，由铀－233和钍结合使用也构成核燃料循环。

异常贵重的核燃料——铀

铀是目前最重要的核燃料。在核能利用蓬勃发展的同时，整个世界对铀的需求也随之迅猛增长。然而，铀在陆地上的储量并不丰富，适合开采的铀矿只有 100 余万吨，即使把低品位的铀矿及其副产品铀化物一并计算在内，其总量也不会超过 500 万吨。按目前的消耗速度，仅够人类使用几十年。而且，尽管海洋中溶解大量的铀，但海水中的铀并不集中，浓度很低，从海水中提炼铀十分困难。因为铀的用途特殊，又非常稀少，所以铀的价格十分昂贵——比黄金还贵 5 倍多。但是，即便如此，要获得铀 – 235 也是不容易的，必须要过"四关"。

第一关是铀的勘探。在地壳中，平均每吨岩石中含有 2.5 克铀，要把 2.5 克铀提炼出来是不合算的，必须找到铀富集的地方才能开采，因而需要勘探。铀矿地质勘探的目的是查明和研究铀矿床形成的地质条件，总结出铀矿床在时间和空间上的分布规律，并用此规律指导普查勘探，探明地下的铀矿资源。分散在地壳中的铀元素在各种地质作用下不断集中，最终形成了铀矿物的堆积物，即铀矿床。了解铀矿床的形成过程对铀矿普查勘探具有十分重要的指导意义。并不是所有的铀矿床都有开采、进行工业利用价值的。据统计，在已发现的 170 多种铀矿床及含铀矿物中，具有实际开采价值的只有 14% ~ 18%。影响铀矿床工业的两个主要因素是矿石品位和矿床储量。此外，评价的因素还有矿石技术加工性能、矿床开采条件、有用元素综合利用的可能性和交通运输条件等。

第二关是铀矿的开采。生产铀的第一步是铀矿开采。其任务是从地下矿床中开采出工业品位的铀矿石，或将铀经化学溶浸，生产出液体铀化合物。由于铀具有放射性，所以铀矿开采要用特殊方法。常用的开采方法主要有露天开采、地下开采和原地浸出三种。

露天开采一般用于埋藏较浅的矿体，方法比较简单：先剥离表土和覆盖岩石，使矿石出露，然后进行采矿。地下开采一般用于埋藏较深的矿体，此种方法的工艺过程比较复杂。与以上两种法方法相比，原地浸出采铀具有生产成本低、劳动强度小等优点，但是这种方法仅适用于具有一定地质、水文条件的矿床，应用起来有一定的局限性。这种方法是在铀矿床的地表钻孔，然后将化学反应剂注入矿带，通过化学反应选择性地溶解矿石中的有用成分——铀，并将浸出液提取出地表。由于铀矿石品位低，因而在开采中要精心施工，科学选矿，尽量减少废石混入。

第三关是铀的加工。铀矿石加工的目的是将开采出来的具有工业品位或经放射性选矿的矿产品浓缩，使其成为含铀较高的中间产品，即通常所说的铀化学浓缩物。将此种铀化学浓缩物精制，进一步加工成易于氢氟化的铀氧化物，作为下一道工序的原料。

铀矿石加工的主要步骤包括磨矿、矿石浸出、母液分离、溶液纯化、沉淀等工序，每一步都要十分精细。为了便于浸出，矿石被开采出来后，必须将其破碎磨细，使铀矿物充分暴露。将铀矿石从矿山运至水冶厂，经研磨末，然后采用一定的工艺，借助一些化学试剂（即浸出剂）或其他手段将矿石中有价值的组分选择性地溶解出来。浸出方法有酸法和碱法两种。由于浸出液中铀含量低，而且杂质种类多、含量高，所以必须将杂质去除才能确保铀的纯度。

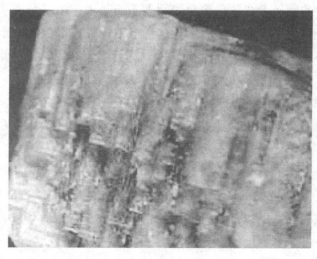

铀矿石

要实现这一过程，可以选择以下两种方法——离子交换法（又称"吸附法"）和溶剂萃取法。经过对含铀沉淀物洗涤、压滤、干燥，便可得到铀化学浓缩物（又称"黄饼"）。铀化学浓缩物含有的大量杂质需要去掉，达到需要的纯度。然后再经还原，成为纯度达99.9%以上的金属铀。

第四关是铀的浓缩（或称铀－235同位素分离）。天然铀金属是由铀－235和铀－238两种同位素组成的，其中铀－235只占0.71%，铀－238占99.29%。为了提高铀－235浓度所进行的铀同位素的分离处理称为浓缩。通过浓缩，可以为某些反应堆提供铀－235浓度符合要求的铀燃料。那么，如何才能把少量有用的铀－235和大量"无用"的铀－238分开呢？

现今所采用的浓缩方法有气体扩散法、激光法、离心分离法、喷嘴法、电磁分离法、化学分离法等，其中气体扩散法和离心分离法是现代工业上普遍采用的浓缩方法。浓缩处理是以六氟化铀形式进行的。激光法有许多优点，它将最终取代气体扩散法和离心机法。

经过提纯或浓缩的铀还不能直接用作核燃料，要用于核反应堆中，还必须经过化学、物理、机械加工等处理，制成各种不同形状和品质的元件。铀最终会被制成弹丸状，每颗弹丸虽然仅有7克，却能放射出相当于1吨煤的能量。这些弹丸就是核电站得以运转的燃料。核燃料元件种类繁多，按组分特征来分，可分为金属型、陶瓷型和弥散型；按几何形状来分，有柱状、棒状、环状、板状、条状、球状、棱柱状元件；按反应堆来分，可以分为试验堆元件、生产堆元件、动力堆元件（包括核电站用的核燃料组件）。核燃料元件一般都是由芯体和包壳组成的，由于它长期在强辐射、高温、高流速甚至高压的环境下工作，所以对芯片的综合性能、包壳材料的结构和使用寿命都有很高的要求。可见，核燃料元件制造是一种科技含量非常高的技术。

如何处理核废料

核废料泛指在核燃料生产、加工和核反应堆用过的不再需要并具有放射性的废料；也专指核反应堆用过的乏燃料经后处理回收钚－239等可利用的核材料后，余下的不再需要的并具有放射性的废料。这些带有放射性的废物必须被送往特殊的场所，否则会给环境和人们的健康带来巨大的伤害。核废料按物理状态可分为固体、液体和气体3种；按比活度又可分为高水平（高放射）、中水平（中放射）和低水平（低放射）3种。核废料具有如下特征：a. 具有放射性：核废料的放射性不能用一般的物理、化学和生物方法消除，只能靠放射性核素自身的衰变而减少；b. 具有射线危害：核废料放出的射线通过物质时，发生电离和激发作用，对生物体会引起辐射损伤；c. 能够释放热能：核废料中放射性核素通过衰变放出能量，当放射性核素含量较高时，释放的热能会导致核废料的温度不断上升，甚至使溶液自行沸腾，固体自行熔融。核废料是很危险的，必须妥善处理。

核废料的处理原则是：a. 尽量减少不必要的废料产生并开展回收利用；b. 对已产生的核废料分类收集，分别储存和处理；c. 尽量减少容积以节约运输、储存和处理的费用；d. 向环境稀释排放时，必须严格遵守有关法规；e. 以稳定的固化体形式储存，以减少放射性核素迁移扩散。

对这些废弃物的处理和有效利用也是一项重要工作。用过的燃料元件，从堆内卸出时总是含有一定量未分裂和新生的裂变燃料。这些未分裂和新生的裂变燃料是可以回收利用的。乏燃料后处理的目的就是回收这些裂变燃料（如铀－235、铀－233和钚），利用它们再制造新的燃料元件或用做核武器装料。此外，回收转换原料（比如铀－238、铯－137、锶－90），提取处理所生成的超铀元素以及可用作射线源的某些放射性裂变产物（如铯－137、锶－90等），都有很大的科学和经济价值。但是，这项回收工作放射性强、毒性大，容易发生临界事故。所以，在进行乏燃料的后处理时，一定要加强安全防护措施。

目前，国际上处理高放射性核废料的方式主要有以下两种："再处理"主要是从核废料中回收可进行再利用的核原料，包括提取可制造核武器的钚等。"直接处置"则是指将高放射性废料进行"地下埋藏"，一般经过冷却、干式储存、最终处置三个阶段。美国政府一直采取地下掩埋的措施来处理核废料。在内华达州北部的丝兰山脉，已有 1.1 万个 30～80 吨的处理罐被埋在地下几百米深处的隧道里。低放射性核废料处理起来较为简单，主要是经过焚化压缩固化后，装进大型金属罐，以便在浅地层中掩埋。为了更安全、长久地掩埋核废料，世界其他国家都在开发新技术，以减少核废料对环境的危害。

一般来说，核废料后处理工艺分为这样几个步骤：冷却与首端处理、化学分离、通过化学转化还原出铀和钚、通过净化分别制成金属铀或二氧化铀及钚（或二氧化钚）。冷却与首端处理是经过冷却将乏燃料组件解体，也就是脱除元件包壳，溶解燃料芯块。化学分离（即净化与去污过程）是将裂变产物从铀钚中清除出去，然后用溶剂萃取法将铀钚分离并分别以硝酸铀酰和硝酸钚溶液形式提取出来。

此外，在核工业生产和科研过程中，会产生一些带有不同程度放射性的固态、液态和气态的废物，简称为"三废"。在这些废物中，放射性物质的含量虽然很低，危害却很大，普通的外界条件（如物理、化学、生物方法）对放射性物质基本上不会起作用。因此，在放射性废物处理过程中，除了靠放射性物质的衰变使其放射性衰减外，就只能采取多级净化、去污、压缩减容、焚烧、固化等措施将放射性物质从废物中分离出来，使富集放射性物质的废物体积尽量减小，并改变其存在状态，以达到安全处置的目的。总之，核废料的处理干系重大，必须以谨慎小心为原则。

核电站的秘密

铀－235 是自然界存在的易于发生裂变反应的唯一核素。70 年前，德国科学家哈恩和斯特拉斯曼用中子轰击铀原子核，发现了核裂变现象。从原子核中取得能量产生电力，是人类和平利用核能的成功探索。建立在核反应堆基础之上的一系列发明，迅速地使核电技术实用化。

1945 年，美国建造了世界上第一艘核动力潜艇，利用核能发电驱动电动机使潜艇航行。这种发电方式不消耗潜艇中的氧，燃料本身自重也很轻，潜艇可长时间在水下潜行。前苏联首先建成用来发电的核动力反应堆。1954 年 6 月 27 日，这个核电站开始正式运转发电，其电功率为 5000 千瓦，能够为一个 6000 人的小镇供电。1956 年 5 月，英国第一座用气体冷却的 50000 千瓦的核电站在英国的卡德霍尔建成并投入运行，可为 30 万人口的城市供电。同年，美国在希平港建成了一号压水堆型核电站，其发电容量为 60000 千瓦。

在半个世纪以后的今天，仍然有很多人认为核电站有太多的秘密，甚至有些高深莫测。其实，核电站并不神秘。下面就让我们来认识一下核电站。

什么是核电站呢？核电站又称核电厂，是用铀、钍等作核燃料，将它在裂变反应中产生的能量转变为电能的发电厂，也就是将原子核裂变释放的核能转变为电能的系统和设备。核电站由核岛、常规岛和电厂配套设施三大部分组成。核岛主要是核蒸汽供应系统，常规岛主要是汽轮发电机组。核电站是生产电能的工厂，其生产的电能可以满足几个城镇的电力需求。据计算，一个核电站能够供应 50 万个家庭生活用电。与此同时，工作人员每天 24 小时不间断地监控着核电站的运行，以防止发生事故。

核电站是怎样发电的呢？核燃料裂变过程释放出来的能量，经过反应堆内循环的冷却剂把能量带出并传输到锅炉产生蒸汽，用以驱动涡轮机并带动发电机发电。也就是说，它是以核反应堆来代替火电站的锅炉，以核燃料在核反应堆中发生特殊形式的"燃烧"产生热量，来加热水。使之变成蒸汽。

蒸汽通过管路进入汽轮机，推动汽轮发电机发电。一般来说，核电站的汽轮发电机及电器设备与普通火电站大同小异，其奥妙主要在于核反应堆。

核电站除了关键设备——核反应堆——外，还有许多与之配合的重要设备。以压水堆核电站为例，这些重要设备分别是主泵、稳压器、蒸汽发生器、安全壳、汽轮发电机和危急冷却系统等，它们在核电站中有着各自的特殊功能。

1. 主泵

如果把反应堆中的冷却剂比做人体血液的话，那么主泵则是心脏。它的功用是把冷却剂送进反应堆内，然后流过蒸汽发生器，以保证裂变反应产生的热量及时传递出来。

2. 稳压器

稳压器又称为"压力平衡器"，是用来控制反应堆系统压力变化的设备。在正常运行时，起保持压力的作用；在发生事故时，提供超压保护。稳压器里设有加热器和喷淋系统，当反应堆里压力过高时，喷洒冷水降压；当堆内压力太低时，加热器自动通电加热，使水蒸发，以增加压力。

3. 蒸汽发生器

它的作用是把通过反应堆的冷却剂的热量传给二次回路水，并使之变成蒸汽，再通入汽轮发电机的汽缸做功。

4. 安全壳

安全壳用来控制和限制放射性物质从反应堆扩散出去，以保护公众免遭放射性物质的伤害。万一发生罕见的反应堆一回路水外逸的失水事故，安全壳是防止裂变产物释放到周围的最后一道屏障。安全壳一般是内衬钢板的预应力混凝土厚壁容器，十分坚固。

汽轮发电机核电站使用的汽轮发电机在构造上与常规火电站使用的汽轮发电机大同小异，所不同的是，由于蒸汽压力低，其汽轮发电机体积比常规火电站所用的大些。

5. 危急冷却系统

为了应付核电站一回路主管道破裂的极端失水事故发生，近代核电站都设有危急冷却系统。它是由注射系统和安全壳喷淋系统组成的，一旦接到极端失水事故的信号，安全注射系统会向反应堆内注射高压含硼水，喷淋系统向安全壳喷水和化学药剂。这样一来，便可缓解事故后果，限制事故蔓延。

核电站是一种高能量、少耗料的电站。以一座发电量为 100 万千瓦的核电站为例，每年只消耗 1.5 吨裂变铀或钚，一次换料可以满功率连续运行一年，可以大大减少电站燃料的运输和储存问题。此外，核燃料在反应堆内燃烧过程中，同时还能产生出新的核燃料。虽然核电站基建投资高，但燃料费用较低，发电成本也较低，并可减少污染，因此总体成本并不高。可以肯定，在今后相当长一段时期内，核电将成为电力工业的主要能源。

压水堆核电站

自从核电站问世以来，主要有三种在工业上成就的发电堆，它们分别是：轻水堆、重水堆和石墨汽冷堆。它们相应地被用到三种不同的核电站中，形成了现代核发电的主体。

目前，热中子堆中的大多数是用轻水慢化和冷却的所谓轻水堆。轻水堆又分为压水堆和沸水堆。压水堆核电站由压水堆、一回路系统和二回路系统三个主要部分组成。压水堆核电站是一个密闭的循环系统，它的一回路系统与二回路系统完全隔开。

压水堆核电站的原理流程为：主泵将高压冷却剂送入反应堆，一般冷却剂保持在 120～160 个大气压。在高压情况下，冷却剂在 300℃ 多的高温下也不会汽化。冷却剂把核燃料放出的热能带出反应堆，并进入蒸汽发生器，通过数以千计的传热管把热量传给管外的二回路水，使水沸腾产生蒸汽；冷却剂流经蒸汽发生器后，再由主泵送入反应堆，这样来回循环，不断地把反应堆中的热量带出并转换产生蒸汽。从蒸汽发生器出来的高温高压蒸汽，推动汽轮发电机组发电，冷凝器把做过功的废汽凝结成水，再由凝结给水泵送入加热器，重新加热后送回蒸汽发生器。这就是二回路循环系统。

压水堆由压力容器和堆芯两部分组成。压水堆压力容器呈圆筒形，尺寸和重量较大，是核电站中的重型设备。压水堆的压力容器由筒体和可拆卸的顶盖构成，两者用法兰和密封垫环相连接。压力容器采用锰钼镍系列的低合金钢作为母材，内壁与冷却剂接触处均堆焊了 3～8 毫米厚的奥式体不锈钢衬里以减轻腐蚀和防止冷却剂被放射性腐蚀产物过度污染。

压力容器内装有堆芯、控制棒组件和堆内构件，靠堆内构件保证燃料组件和控制棒组件的精确定位，承受堆芯的全部重量及把静动载荷传到容器法兰上，最终经由外部承受件传给厂房结构。压力容器的冷却剂进口接管和出口接管位于堆芯之上，法兰之下。由进口接管进来的水经过容器壁与堆芯吊

日本柏琦沸水堆发电厂

篮之间的环行通道往下流入下腔室，然后转换向上流，通过堆芯和上腔室，经出口接管流出。

作为保证燃料元件冷却的关键设备和防止放射性外逸的第二道屏障，压力容器对于保证核安全有至关重要的作用。它在高温高压和强辐射、强腐蚀的条件下须能可靠地工作40～60年。由于强放射性，使它成为核电站中不可更换的设备，因此必须限制和关注它受到的快中子辐照损伤。在容器的顶部设置有控制棒驱动机构，用以驱动控制棒在堆芯内上下移动。堆芯装在压力容器中间，在这里实现核裂变反应，核能转化为热能；同时它又是强放射源，因此反应堆本体结构设计的重要环节之一是堆芯结构的设计。

压水堆堆芯由若干个正方形燃料组件组成，这些组件按正方形稠密栅格大致排列成一个圆柱体。此外，这种反应堆的堆芯还有控制棒和含硼的冷却水（冷却剂）。控制棒用银铟镉材料制成，外面套有不锈钢包壳，可以吸收反应堆中的中子，它的粗细与燃料棒差不多。把多根控制棒组成棒束型，用来控制反应堆核反应的快慢。如果反应堆发生故障，立即把足够多的控制棒插入堆芯，反应堆会很快停止工作，从而这就保证了反应堆运行的安全。

堆芯一般分为三区，在初始堆芯中装入三种不同富集度的燃料，将最高富集度的燃料置于最外区，较低富集度的两种燃料按一定布置方式装入中区和内区，以尽量展平中子通量。由于全部都是新燃料，后备反应性在第一个运行周期间将随着可燃物的消耗逐渐释放出来。

堆芯的第一个运行周期一般为 1.3～1.9 年。以后每年换一次料，将 1/3 或 1/4 堆芯用新燃料替换，同时将未燃尽的燃料组件作适当的位置倒换，以求达到最佳的径向中子通量分布，倒换方案由燃料管理设计程序制定。通常将新燃料装入最外区，将辐照过的燃料移向中心，称由外向内换料方案。由于辐照过燃料组件的放射性水平极高，所有装卸料操作均在水屏蔽层以下进行。为换料一般需要停堆 3～4 周，汽轮发电机组及其他设备的检修、压力容器和蒸汽发生器在役检查工作，一般都在这个时间内进行。

为了确保燃料元件的安全，在运行中要严格限制核电站的负荷变化速率（每分钟 5% 额定功率），用化学与容器控制系统和取样系统对冷却剂水质进行净化，对 pH 值、氧、氢、氯、氟、硼酸等的含量进行控制及监测，并加强对燃料包壳完整性的监督。

烧结的二氧化铀陶瓷芯块叠置成燃烧棒的芯体。烧结二氧化铀的耐腐蚀性、热稳定性和辐照稳定性都好。燃料棒包壳采用吸收中子少的锆合金以降低燃料富集度。燃料棒全长 2.5～3.8 米，用 6～11 个镍基合金或锆合金制的定位格架固定其位置。定位格架燃料组件全长按等距离布置，以保持燃料棒间距并防止因水力振动引起的横向位移。

除由于反应性负温度系数带来的自身调节性能以外，压水堆还可以采用控制棒、溶解的化学毒物（硼酸）和可燃毒物来进行功率调节和控制。由于水的慢化能力及载热量能力都好，所以压水堆的结构紧凑、堆芯体积小、堆芯的功率密度大，因而体积相同时，压水堆功率较高；或者在相同功率下，压水堆比其他堆体积小。这是压水堆的主要优点，也是它的基建费用低、建设周期短的主要原因。

压水堆采用的可燃毒物有两类：第一类是与燃料分开的离散型可燃毒物，包括装有硼硅酸盐玻璃管的不锈钢包壳棒、装有氧化铝碳花硼环状芯块的内腔通水的锆合金套管及装有碳花硼锆弥散体的锆合金包壳棒等品种；第二类是与燃料结合在一起的一体化可燃毒物，包括涂敷于燃料芯块表面的硼花锆涂层。硼硅酸盐玻璃管的主要缺点是不锈钢包壳和运行周期末残留硼吸收中子较多，影响了中子经济性以及其结构形式限制了使用的灵活性，从而不利于实施最佳换料方案。

压水堆核电站的控制棒驱动机构通常有长棒控制机构和短棒控制机构两种。由于反应堆在运行过程中各种内外因素均会引起反应堆的反应性变化，因此控制棒需要经常运动。这给控制棒驱动机构的设计和制造提出了较高的要求。目前常见的驱动机构有磁阻马达式、磁力提升式、液压驱动型及齿轮齿条等各种形式。国外压水堆核电站约有 60% 以上的长控制棒驱动机构采用销爪式磁力提升机构。它的优点有磨损少、寿命长、控制简单、制造方便及使用安全可靠等。短控制棒驱动机构采用磁阻马达驱动机构。

1. 一回路系统及主要设备

蒸汽发生器、冷却剂主循环泵、稳压器及主管道等，是压水堆核电站一回路系统的主要设备。由于一回路系统是在高温高压和带放射性条件下工作，因此对这些设备的设计、制造和维修有较高的要求，这些设备也是核电站的关键设备。

蒸汽发生器是一回路冷却剂把从反应堆获得的热量传给二回路工质使其变为蒸汽的热交换的设备。压水堆核电站所用的蒸汽发生器有三种主要类型：第一种，产生饱和蒸汽的立式倒置 U 形管束（自然循环）蒸汽发生器，在其管束上面的汽泡内装有汽水分离器和蒸汽干燥器，可把出口蒸汽的湿度减小到 0.25% 以下；第二种，产生微过热蒸汽的立式直管束直流型（强迫循环）蒸汽发生器，它不需要装汽水分离器；第三种，产生饱和蒸汽的卧式 U 形管束蒸汽发生器。

2. 反应堆冷却剂泵

反应堆冷却剂泵用于输送高温高压的反应堆冷却剂，强迫其循环流动，连续不断地把反应堆中产生的热能传送到蒸汽发生器，以保证一回路系统的正常工作。核动力装置的重要设备之一是反应堆冷却剂泵，它也是一回路主系统中唯一高速旋转的设备。反应堆冷却剂泵有两种类型：一种是屏蔽泵；一种是轴封泵。目前，压水堆核电站多数选取 1000～1500 转/分的单级离心式或混流式的轴封泵。

3. 反应堆稳压器

稳压器是用于稳定和调节一回路主系统冷却剂的工作压力，避免一回路主系统压力过高或过低，以避免堆芯燃料元件棒过热烧毁事故的装置。现代大功率压水堆核电站都采用电热式稳压器。

立式圆柱形结构是电热式稳压器一般采用的结构，用来抑制压力升高的喷雾器安置在稳压器上部蒸汽空间的顶端。限制压力降低的电热元件安置在稳压器下部水空间内，它可以从筒体的侧面水平对称地插入稳压器内，或从筒体下封头垂直向上插入稳压器内。从反应堆入口前引一根"低"温冷却剂喷雾水管接在稳压器上部，并与其内部的喷雾头相连；而从反应堆出口引一根"高"温冷却剂波动管，连接在稳压器的底部。

压水堆核电站内景

4. 一回路辅助系统

除了主系统以外，一回路还有很多辅助系统，这些辅助系统担负着各种各样的重要功能，其重要程度有时并不亚于主系统。

5. 二回路系统及设备

将蒸汽发生器产生的饱和蒸汽供汽轮机发电机组做功发电和供电站其他辅助设备使用，是二回路系统的主要功用。二回路系统主要由饱和蒸汽轮机、发电机、冷凝器、凝结水泵、低压加热器、除氧器、给水泵、高压加热器、中间汽水分离再热器和相应的仪表、阀门、管道等设备组成。此外，还有主蒸汽排放系统、循环冷却水系统、控制保护系统、润滑油系统等辅助系统，其中大部分设备与火电站相似。

在工作原理上，压水堆核电站的汽轮机与火电站的汽轮机并无多大差别，只是由于反应堆冷却剂温度的限制（压水堆平均出口温度一般小于 330℃）只能产生压力较低（4.9~7.35 兆帕）的饱和蒸汽或微过热蒸汽（过热度为 20~30℃）。在冷凝器内的相同背压下，排气容积流量约大 60%~70%，因此核电站的饱和蒸汽汽轮机与火电站的汽轮机相比，核电站汽轮机的转速一般取 1500 转/分（美国为 1800 转/分），是火电站汽轮机转速的一半。

6. 核电站主发电机

核电站主发电机与火电站发电机的不同点在于采用半速四级机组，这是为了满足核电站饱和蒸汽汽轮机的需要。发电机的主要结构是由一个定子和一个转子组成。定子包括定子机座、定子铁芯、电枢绕组、端盖等主要部件。转子包括铁芯、转子激磁绕组、护环、滑环、风扇等主要部件。随着单机容量增大，定子和转子的尺寸和重量也相应增加。转子是用优质大型锻件制成，机械强度高。一般认为发电机的单机容量主要受转子和护环锻件的尺寸和机械性能限制。

7. 二回路辅助系统

二回路辅助系统包括蒸汽排放系统、汽轮机再热及抽气系统、凝结水给水系统、化学水处理系统和事故给水系统等。

沸水堆核电站

沸水堆与压水堆同属于轻水堆家族，都使用轻水作慢化剂和冷却剂，低富集度铀作燃料，燃料形态均为二氧化铀陶瓷芯块，外包锆合金，锆合金是以锆为基体加入其他元素而构成的有色合金，在 300℃～400℃ 的高温高压水和蒸汽中有良好的耐蚀性能、适中的力学性能、较低的原子热中子吸收截面，对核燃料有良好的相溶性，多用作水冷核反应堆的堆芯结构材料。

沸水堆核电站系统包括主系统、蒸汽给水系统、反应堆辅助系统等。沸水堆核电站的工作流程是：冷却剂（水）从堆芯下部流进，在沿堆芯上升的过程中，从燃料棒那里得到了热量，使冷却剂变成了蒸汽和水的混合物，经过汽水分离器和蒸汽干燥器，将分离出的蒸汽来推动汽轮发电机组发电。

沸水堆是由压力容器及其中间的燃料元件、十字形控制棒和汽水分离器等组成。汽水分离器的作用是把蒸汽和水滴分开，防止水进入汽轮机，造成汽轮机叶片损坏，它位于堆芯的上部。沸水堆所用的燃料和燃料组件与压水堆相同，沸腾水既作慢化剂又作冷却剂。沸水堆与压水堆的不同之处在于冷却水保持在约为 70 个大气压的较低压力下，水通过堆芯变成约 285℃ 的蒸汽，并直接被引入汽轮机。所以，沸水堆只有一个回路，省去了容易发生泄漏的蒸汽发生器，因而显得很简单。因为沸水堆输出的蒸汽带有放射性，所以汽轮机组、冷凝器和给水系统均需加以屏蔽，划入放射性控制区。沸水堆由于气泡的负反应性效应具有内在的安全性，沸水堆电站是目前除压水堆电站外建造数量最多的。

典型的沸水堆堆芯内共有约 800 个燃料组件，每个组件为 8×8 正方排列，其中含有 62 根燃料元件和两根空的中央棒。沸水堆燃料棒束外有组件盒以隔离流道，每一个燃料组件装在一个元件盒内。具有十字形横断面的控制棒安排在每一组四个组件盒的中间。

冷却剂自下而上流经堆芯后大约有 14%（重量）被变成蒸汽。为了得到干燥的蒸汽，堆芯上方设置了汽水分离器和干燥器。由于堆芯上方被它们占据，沸水堆的控制棒只好从堆芯下方插入。沸水堆的堆芯内具有一个冷却剂再循环系统，流经堆芯的水大部分必须再循环，仅有部分变成了水蒸气。从圆筒区的下端抽出一部分水由再循环泵将其输送入喷射泵。大多数沸水堆都设置两台再循环泵，每台泵通过一个联箱给 10～12 台喷射泵提供"驱动流"，带动其余的水进行再循环。冷却剂的再循环流量取决于向喷射泵的注水率，后者可由再循环泵的转速来控制。因为沸水堆与压水堆一样，采用相同的燃料、慢化剂和冷却剂等，注定了沸水堆也有热效率低、转化比低等缺点。但与压水堆核电站相比，沸水堆核电站还有以下几个不同的特点。

第一，直接循环。沸水堆核电站的核反应堆产生的蒸汽被直接引入蒸汽轮机，推动汽轮发电机组发电，这是沸水堆核电站与压水堆核电站的最大区别。沸水堆核电站省去一个回路，因而不再需要昂贵的、压水堆中易出事故的蒸汽发生器和稳压器，减少大量回路设备。

第二，工作压力可以降低。将冷却水在堆芯沸腾直接推动蒸汽轮机的技术方案可以有效降低堆芯工作压力。为了获得与压水堆同样的蒸汽温度，沸水堆堆芯只需加压到约 70 来个大气压，即堆芯工作压力由压水堆的 15MPa 左右下降到沸水堆的 7MPa 左右，降低到了压水堆堆芯工作压力的一半。这使系统得到极大地简化，从而大大的降低了投资。

第三，堆芯出现空泡。与压水堆相比，沸水堆最大的特点是堆内有汽泡，堆芯处于两相流动状态。由于汽泡密度在堆芯内的变化，在它的发展初期，人们认为其运行稳定性可能不如压水堆。但运行经验的积累表明，在任何工况下慢化剂空泡系数均为负值，空泡的负反馈是沸水堆的固有特性。它可以使反应堆运行更稳定，具有较好的控制调节性能等。与压水堆核电站相比，沸水堆核电站存在一定的缺点。

首先，辐射防护和废物处理比较复杂。由于沸水堆核电站只有一个回路，反应堆内流出的有一定放射性的冷却剂被直接引入蒸汽轮机，导致放射性物质直接进入蒸汽轮机等设备，使得辐射防护和废物处理变得较复杂。汽轮机检修时需要进行屏蔽，从而使得检修困难增大，检修时需要停堆的时间也较长，从而影响核电站的设备利用率。

其次，功率密度比压水堆小。水沸腾后密度降低，慢化能力减弱，因此沸水堆需要的核燃料比相同功率的压水堆多，堆芯及压力壳体积都比相同功率的压水堆大，导致功率密度比压水堆小。沸水堆核电站这些缺点的存在加上发展不普遍，因而缺乏必要的运行经验反馈，比如虽然取消了蒸汽发生器，但使堆内结构复杂化，经济上未必合算等，使得在过去几十年中沸水堆的地位不如压水堆。但随着技术的不断发展和改进，沸水堆核电站性能越来越好。尤其是先进沸水堆（ABWR）的建造这几年取得了很大进展，在经济性、安全性等方面有超过压水堆的趋势。

重水堆核电站

　　与压水堆核电站不同，重水堆核电站的核反应堆是利用天然铀做燃料，用重水作慢化剂和冷却剂。目前全世界正在运行的 400 多个核电机组中，除了 33 个是重水堆外，其他的都是压水堆。

　　重水堆核电站不用浓缩铀，而用天然铀做燃料，比压水堆的燃料成本低 2/3，但用做慢化剂和冷却剂的重水则十分昂贵。与压水堆核电站相比，重水堆核电站可以实现不停堆换燃料，一年 365 天都可以发电，实际发电量可以达到设计发电量的 85%，设计年容量因子较高。另外，重水堆核电站的安全性较高，还可以大量生产同位素。

　　重水堆有压力壳式和压力管式两种结构型式。压力壳式的冷却剂只用重水，它的内部结构材料比压力管式少，但中子经济性好，生成新燃料钚 −239 的净产量比较高。这种堆一般用天然铀作燃料，结构类似压水堆，但因栅格节距大，压力壳比同样功率的压水堆要大得多，因此单堆功率最大只能做到 30 万千瓦；管式重水堆的冷却剂不受限制，可用重水、轻水、气体或有机化合物。它的尺寸也不受限制，虽然压力管带来了伴生吸收中子损失，但由于堆芯大，可使中子的泄漏损失减小。此外，管式重水堆便于实行不停堆装卸和连续换料，可省去补偿燃耗的控制棒。压力管式重水堆主要包括重水慢化、重水冷却和重水慢化、沸腾轻水冷却两种反应堆，这两种堆的结构大致相同。

　　重水慢化、重水冷却堆核电站的反应堆的反应堆容器不承受压力，重水慢化剂充满反应堆容器，有许多容器管贯穿反应堆容器，并与其成为一体。在容器管中放有锆合金制的压力管。用天然二氧化铀制成的芯块，被装到燃料棒的锆合金包壳管中，然后再组成短棒束型燃料元件。棒束元件就放在压力管中，它借助支承垫可在水平的压力管中来回滑动。在反应堆的两端各设置有一座遥控定位的装卸料机，可在反应堆运行期间连续地装卸燃料元件。

这种核电站的发电原理是：既作慢化剂又作冷却剂的重水，在压力管中流动，冷却燃料。像压水堆那样，为了不使重水沸腾，必须保持在约 90 大气压的高压状态下。这样，流过压力管的高温（约 300℃）高压的重水，把裂变产生的热量带出堆芯，在蒸汽发生器内传给二回路的轻水，以产生蒸汽，带动汽轮发电机组发电。

　　重水慢化、沸腾轻水冷却堆核电站的反应堆是英国在坎杜堆（重水慢化、重水冷却堆）的基础上发展起来的。加拿大所设计的重水慢化、重水冷却反应堆的容器和压力管都是水平布置的，而重水慢化、沸腾轻水冷却反应堆都是垂直布置的。它的燃料管道内流动的轻水冷却剂在堆芯内上升的过程中引起沸腾，所产生的蒸汽直接送进汽轮机，并带动发电机。因为轻水比重水吸收中子多，堆芯用天然铀作燃料就很难维持稳定的核反应，所以，大多数设计都在燃料中加入了低浓度的铀 –235 或钚 –239。

　　能最有效地利用天然铀是重水堆的突出优点是。由于重水慢化性能好，吸收中子少，这不仅可直接用天然铀作燃料，而且燃料烧得比较透。重水堆比轻水堆消耗天然铀的量要少，如果采用低浓度铀，可节省天然铀 38%。在各种热中子堆中，重水堆需要的天然铀量最小。此外，重水堆对燃料的适应性强，能很容易地改用另一种核燃料。

　　重水堆的主要缺点是：体积比轻水堆大，建造费用高，重水昂贵，发电成本也比较高。与压水堆核电站相比，重水堆核电站可以实现不停堆换料，而压水堆每年一次停堆换料，一般需要 60 天。重水堆的实际发电量一般可以

重水核电站

达到设计发电量的 85%，有利于提高电站的利用率。与压水堆核电站相比，重水反应堆在安全性方面也有很大的提高。重水堆多了两道防止和缓解严重事故的热阱，即重水慢化剂系统和屏蔽冷却水系统；高温高压的冷却剂与低温低压的慢化剂在实体上是相互隔离的，不会发生弹棒事故；重水反应堆还配备有工作原理完全不同的两套独立的停堆系统。此外，天然铀装料的平衡堆芯后备反应性小，缓发中子寿命长，可大大降低事故后果的严重性。目前，全世界拥有重水堆核电机组最多的国家是加拿大、韩国、罗马尼亚、阿根廷、印度，我国大陆和台湾地区也拥有一些重水堆核电机组。

核能是一种安全能源

我们都非常关心核能的安全性问题，目前可以肯定地说，核能是一种很安全的能源。核电站的反应堆不会像原子弹那样爆炸，它的潜在危险是强放射性裂变产物的泄漏，造成对周围环境的污染。

原子弹是由高浓度的裂变物质铀－235 或钚－239 和复杂而精密的引爆系统所组成的，通过引爆系统把裂变物质压紧在一起，达到超临界体积，于是瞬时形成剧烈的不受控制的链式裂变反应，并在非常短的时间内，释放出巨大的核能，从而产生了核爆炸。而反应堆的结构和特性与原子弹完全不同，反应堆大都采用低浓度裂变物质作燃料，而且这些燃料都分散布置在反应堆内，在任何情况下，都不会像原子弹那样将燃料压紧在一起而发生核爆炸。而且，反应堆有各种安全控制手段，以实现受控的链式裂变反应。

在设计之初，科技人员使考虑到了核反应堆的安全问题。科技人员在设计上总是使反应堆具有自稳定特性，即当核能意外释放太快、堆芯温度上升太高时，链式裂变反应就会自行减弱乃至停止。核燃料中的有效成分是铀－235，铀－235 同样也是原子弹中的核炸药，那么核电站会不会像原子弹那样爆炸呢？核燃料中铀－235 的含量约为 3%，而核炸药中铀－235 含量高达 90% 以上。核燃料引不起核爆炸，正像啤酒和白酒都含有酒精，白酒因酒精含量高可以点燃，而啤酒则因酒精含量低却不能点燃一样。

美国开发核电已有悠久的历史，至 2005 年年底，美国共有核电站 117 座。他们在开发核电方面积累了丰富的经验。美国核电站多年的建设和运行经验证明，核电站事故发生的可能性虽然不能绝对排除，但概率是微小的。如果在设备和管理方面严格地按照科学规定办事，事故是可以避免的。

坚固的安全壳

核反应释放出的放射性物质对人类、动物和环境都非常有害。对于危险的东西，最好的办法是隔离。安全壳是核电站里安装着原子反应堆的厂房，这座建筑把核反应堆"包裹"在里面，使其与外界隔绝。由于它的主要目的是防止核电站在运行、停堆和事故期间因失去控制而将放射性物质排放到周围环境中去，因此人们形象的称这个球形的房子为"安全壳"。

球形或球顶状结构的建筑是最坚固的建筑式样。球形的东西，如果里面产生压力，那么它所受的力是很均匀的。从几何学上可以知道，球体和其他几何形状比起来，在最小的表面积之下，有着最大的容积。这就是说照这个样子建成的房子，里面可以容纳最多的设备，而所用的建筑材料最少，也最坚固。核电站反应堆厂房就是按照这个原理设计的，整个的反应堆设备都安装在这样一座没有窗户的密闭的建筑物内。美国新墨西哥州圣地亚国家试验场曾用一架 F－4 战斗机，以每小时 450 英里的速度撞向安全壳体，结果飞机碎了，而安全壳安然无恙，仅留下一个 2.4 英寸深的凹坑。

核电站的反应堆是一个庞然大物，容纳这样一个东西的房子必然也很大，而且必须十分坚固。设想反应堆发生了十分严重的事故，比如说发生了爆炸，这最后一道防线也决不能受到损坏。安全壳就像一个钟罩似的，把一切危险物质或危险气体都罩在里面，阻止其散发到外面去。20 世纪 50 年代的"安全壳"，为了达到密封和坚固的目的，是做成球形的。这是一个很大的球，直径达到 20 ~ 30 米，是用厚达 50 毫米的钢板压成弧形，一块块地拼焊起来的。这要有很高的焊接技术，才能保证密封得很好。这种巨大的圆球，构成了核电站特有的宏伟壮观的景色。

至少得用几百吨的钢材才能建造成这样大的一个球形钢壳。钢材用得多还在其次，主要的困难在于焊接工艺不易达到要求。几千块钢板，几万米焊缝，要做到一丝儿气体也不漏，实在是很困难，而且还要防止焊接中钢板变形。但是，为什么不能用钢筋混凝土来建造安全壳呢？20 世纪 60 年代就为核电站建成了钢筋混凝土的安全壳，里面敷上钢衬里，式样也从球形演变为圆柱形上接一个半球形的盖，这样便于浇灌。钢筋混凝土壳厚达 1 米，用来承受压力，而钢衬里只用来保持密封，这样钢板可以用得很薄，焊接时就比较容易达到气密的要求了。有时候由于要求更可靠的气密性，在钢衬里和混凝土壳之间留一层 1 米多厚的空气隙，空气隙内的气压比周围环境的大气压低一些，如果钢壳发生泄漏，有放射性的气体就漏入这空隙中，但是它不会再透过混凝土壳的裂缝漏到外面去，只能是外面的大气漏入空隙中。有专门的处理设备对漏入空隙中的有害气体加以处理，以除去有害的成分。

为了使混凝土安全壳更加坚固，现在大部分新建的核电站都采用预应力混凝土安全壳，它的工作原理很像紧箍木桶的铁箍。在混凝土里嵌进许多纵横交错的钢丝绳，用巨大的螺旋机构将钢丝绳拉紧，这样的安全壳十分可靠。每一股钢丝绳都可以安装测力的仪器，随时检查拉紧的情况，如果有哪一根松了，便及时重新拧紧。用这么多钢丝绳捆紧的混凝土壳不可能一下子崩开；要是损坏的话，总是先裂一条小缝，钢丝绳的弹力就可以把这条小缝挤合。这样的建筑物固然没有窗，那么门有没有呢？门当然是要有的，不然怎么进去呢？不过这门也是密封的，而且还是十分坚固的。

核电站的安全措施

除了安全壳之外，为了实现安全运行，核电站还采取了必要的安全措施。

首先是采用了反应堆的安全控制系统。所谓反应堆的安全正常运行，是指反应性随介质温度、密度和堆内吸收中子的毒物的数量发生变化时，还要保持再生系数 K＝1。为了实现这一点，通常用控制棒抵消多余的反应性，把多余的中子吸收掉。当反应性减小时，就把控制棒逐渐拉出堆外，直到完全提出，这时反应堆非装新料不可。为了在发生事故时快速停堆，反应堆里还设置了安全棒。反应性增大时，安全棒可抑制反应性的增加，因为它具有很强的吸收中子的本领。平时安全棒被置于堆芯之外，发生事故时靠重力或其他外力，在 0.1～1 秒的时间内自动插入堆芯，将链式反应熄灭，以免造成损坏或危险。还有，功率保护电路系统通常在反应堆功率超过设计满功率的 10%～20% 时便会使安全棒动作，实行紧急停堆。

核电站安全壳

其次，针对核电站的危险，除了在反应堆上应用安全控制系统之外，在设计中采取所能想到的最严密的纵深防御措施，从而预防事故的发生。为了防止放射性物质的泄漏，核电站除了安全壳之外，还设置了另外三道安全屏障。

　　第一道屏障是核燃料芯块。现代反应堆广泛采用耐高温、耐辐射和耐腐蚀的二氧化铀陶瓷核燃料。经过烧结、磨光的这些陶瓷型的核燃料芯块能保留住98%以上的放射性裂变物质，只有穿透能力较强的中子和γ射线才能辐射出来，这就大大减少了放射性物质的泄漏。核燃料棒的材料UO_2陶瓷块的熔点为2800℃，它的物理化学性质稳定，不会和水产生放热反应。

　　第二道屏障是锆合金包壳管。采用优质的锆合金制作的燃料元件的包壳具有很好的密封性和在运行条件下长期控制裂变产物的能力。二氧化铀陶瓷芯块被装入包壳管，叠成柱体，组成了燃料棒。包壳管大都由锆合金或不锈钢制成，绝对密封，在长期运行的条件下不使放射性裂变产物逸出，一旦有破损要能及时发现，采取措施。

　　第三道屏障是压力壳。压力壳厚度约0.2米，重400吨，这道屏障足可挡住放射性物质外泄。压力壳将燃料元件棒和一回路的水罩住，即使堆芯中有1%的核燃料元件发生破坏，放射线进入一回路，但仍然控制在压力壳内，不会扩散到外界。

　　除了这三道屏障外，核电站还制定了多重保护措施。比如，在出现可能危及设备和人身安全的情况时，进行正常停堆；因任何原因未能正常停堆时，控制棒自动落入堆内，实行自动紧急停堆；因任何原因控制棒未能插入，高深度硼酸水自动喷入堆内，实现自动紧急停堆。核电站对一切重要设备都采取了类似的多种保护措施，如设置了两路独立的可靠的外电源，当一路外电源因事故停电时，可自动切换到另一路供电。万一两路外电源同时断电，核电站里还有由柴油发电机提供的紧急备用电源。

　　人们常用"万无一失"来形容一件事物的安全可靠，核电站专设了安全设施，为"以防万一"作了周密准备。最后一种出现危险的可能就是，万一管壁很厚的一回路主管道突然断裂了，这时专设安全设施立即投入工作，首先向堆内高压注水，防止堆内"烧干"；压力降低后，低压注水系统工作，继续向堆内注水冷却。与此同时，安全壳与外界自动隔离；安全壳顶部的喷淋系统自动喷淋冷水，使安全壳的温度和压力降低；消氢系统马上投入工作，将可能引起爆炸的氢气消除。

切尔诺贝利核事故

　　1945 年，美军在日本的广岛和长崎投下两颗原子弹，摧毁了两座城市，造成人员的大量伤亡；又加上"冷战"时期的大肆宣传，造成人们的核恐怖，使得很多人担心核能的安全问题。而在 1979 年 3 月，美国三里岛核电站发生核泄漏事件，1986 年，前苏联切尔诺贝利核电站发生的核泄漏事件大大加剧了人们对核能的忧虑，甚至使很多人谈核色变。下面我们就来看一下切尔诺贝利核电站事故。

　　1986 年 4 月 26 日，位于乌克兰境内的切尔诺贝利核电站发生重大事故，电站第 4 号反应堆起火燃烧，整个反应堆浸泡在水里。由于没有严格的安全

切尔诺贝利核电站现状

防范措施，致使大量放射性物质逸入大气中。外泄的辐射尘随着大气飘散到前苏联的西部地区、东欧地区、北欧的斯堪的纳维亚半岛。乌克兰、白俄罗斯、俄罗斯受污染最为严重，由于风向的关系，据估计约有60%的放射性物质落在白俄罗斯的土地。切尔诺贝利核事故导致31人当场死亡，上万人由于放射性物质远期影响而致命或重病，事故后的长期影响到目前为止仍是个未知数。

据1992年6月官方报道，已有6000～8000名乌克兰人死于核辐射，而且还长期严重影响着附近居民的正常生活。如切尔诺贝利以西约50英里的奥夫鲁奇地区曾经是一个风景优美的世外桃源，但核事故却给这里带来了无尽有灾难：儿童生病、死亡率不断上升、动植物令人吃惊的畸形，事故造成的恐惧气氛终日笼罩在人们心头。这起事故引起大众对于前苏联的核电厂安全性的关注，也间接导致了前苏联的瓦解。前苏联瓦解后独立的国家包括俄罗斯、白俄罗斯及乌克兰等每年仍然投入经费与人力致力于灾难的善后以及居民健康保健。

切尔诺贝利核电站位于乌克兰切尔诺贝利市西北18公里处，由四个反应堆组成，每个能产生1千兆瓦特的电能（3200兆瓦特的热功率），核事故时四个反应堆共提供了乌克兰10%的电力。还有两个反应堆在事故发生时仍在建造中。厂房的四个反应堆都是属于压力管式石墨慢化沸水反应堆。

关于切尔诺贝利核事故的起因，它方有两个说法。第一个是在1986年8月公布，把事故的责任归咎于核电站操作员粗心大意并违犯了规程。第二个则是发布于1991年，认为事故由于压力管式石墨慢化沸水反应堆的设计缺陷引致，尤其是控制棒的设计。双方的调查团都被多方面游说，包括反应堆设计者、切尔诺贝利核电站职员及政府。但这两个说法都不足以使人信服。

直到今天，切尔诺贝利核电站还存有100千克钚，每一毫克钚就足以使人丧命，钚的半衰期是24500年，这对于人类而言其实就是永远。在1986年事故后的处理中，前苏联采用建造"石棺"的方式用钢筋混凝土将核电站整体罩住，当时"石棺"的设计寿命是30年。而今，"石棺"已出现了明显老化，现在的乌克兰又缺乏经费，致使新"石棺"的建造时间晚了10年，不过现在的科技已经有了很大的进步，相信能够最大限度地降低新"石棺"安装时的风险。从整体上说，此次事故给人类带来的灾难及影响是永久性的，也值得所有人永远对其关注。

虽然有核事故发生，但是使用核能是安全的，这已经被半个多世纪核能使用的历史所证实。经过探索与实践，人们已经掌握了丰富的核电站运营经验，使得核电站的安全性大大提高。核废料处置方面的国际合作加强，制定了国际安全标准。

核电站的辐射问题

　　核电站的燃料铀－235在裂变发出能量的同时，放出中子、贝塔和伽马射线，铀的一个分裂碎片将长期辐射出贝塔、伽马射线。核电站的带放射性的部分，包括反应堆及其冷却系统，放在有防护的球形或圆柱形安全壳内。即使有充分防护，核电站也向外界产生微量辐射，但是这种微量辐射对人们并不构成任何危险。要知道，从古至今，一直生活在一个放射性的世界中，我们周围的自然环境充满着辐射。这种辐射来自土壤、水和空气中的天然放射性（如自然界的元素铀、钾－40和氡等）以及宇宙线辐射。

　　物质能放出三种射线：α射线、β射线和γ射线。α射线是氦原子核流，β射线是电子流，类似的还有宇宙射线、中子射线等，统称粒子辐射。γ射线是波长很短的电磁波，类似的还有X射线等，统称为电磁辐射。辐射无色无味，无声无臭，很难用肉眼识别，也无法带给人任何感觉，不过辐射却可用仪器来探测和量度。

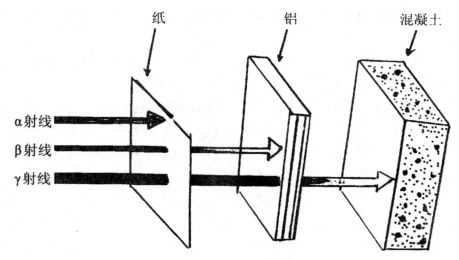

各种射线的穿透能力示意图

另外，值得一提的是，烟草中含有微量放射性元素钋-210，这可能是导致肺癌的一个因素。煤电站由于煤含有天然放射性材料也放出辐射线，地热电站的蒸汽中有时含有放射性气体氡。在这个充满辐射的世界中，防护良好的核电站平常不会构成辐射危险。辐射对人体存在危害，大致可以分为客观健康危害和其他危害两大类。辐射的客观健康危害指的是对受照者本人及其后代健康的有害影响，对受照者本人的影响称为躯体效应，对后代的影响称为遗传效应。

辐射对人体的杀伤作用，是辐射线对体内细胞染色体的双螺旋结构的破坏。染色体的双螺旋结构一旦被破坏，就有可能造成细胞死亡，进而造成身体的伤害。这种破坏就像用散弹枪去打早餐常吃的由两股面条交叉缠绕而成的油条。有时候子弹一打，两股面条同时打断就再也接不起来（可以代表细胞死亡）；如果只断一条，通过细胞本身的修复作用，就有可能再接回原来的样子（可以代表细胞存活）。

辐射线对人体的伤害可以分为两种：一为急性伤害，一为长期效应。长期效应也就是癌症的产生。急性伤害的造成就是因为被照射的部位太多细胞一下子被辐射线杀死，因此各种辐射伤害的直接症状就会出现，如红肿、溃烂等。如果这个伤害是发生在敏感且重要的器官，那伤害就会更严重，甚至导致死亡。幸好人体对死亡的细胞数目有一定的忍受度，因此辐射造成的急性伤害是有起始值的，也就是说辐射剂量没有超过某一个安全值，是不会造成急性伤害的。

辐射可以造成染色体的双螺旋结构的单股破坏，如果细胞在修复这种单股破坏时一切正常，则细胞得以存活并正常分裂生长。但如果在重新接续打断的结构时接错了位置或甲染色体的断键不正常地接到乙染色体的断键，则可怕的后果就会发生，也就是会形成变异细胞——癌细胞。这种癌细胞会不断地分裂复制变成越来越多的癌细胞，最终造成严重的疾病。这种过程通常需要一段比较长的时间，因此被称为"长期效应"。

除了现实的损伤外，辐射对健康也有潜在的危害。当受照者接受超过某特定水平的辐射照射时，就会遭到某种形式的辐射损伤，如皮肤烧伤、眼晶体白内障、造血障碍，性细胞的损伤还会引起生育能力下降。这些效应是辐射的非随机效应，它们的严重程度随受照剂量的增加而增大。

除了客观健康危害之外，辐射还可能造成对环境的污染。核企业、核电站及其他生产、使用、操作放射性物质的单位排放的放射性气体、气溶胶和液体可能污染周围的环境。向海洋倾倒放射性物质会对海洋环境造成污染；将放射性废物埋藏在地下会污染地下水；核企业发生重大事故时释放的放射性物质可能造成较大面积的环境污染。

辐射的防护

辐射防护是研究保护人类以及人类的后代免受或少受辐射危害的应用学科，有时亦指用于保护人类免受或尽量少受辐射危害的要求、措施、手段和方法。辐射包括电离辐射和非电离辐射。在核领域，辐射防护专指电离辐射防护。

辐射防护的基本原则有：第一，实践的正当性；第二，剂量限制和潜在照射危险限制；第三，防护与安全的最优化；第四，剂量约束和潜在照射危险约束。

国际基本安全标准的剂量限制值是：

1. 职业照射剂量限值

应对任何工作人员的职业照射水平进行控制，使之不得超过下列限值：

第一，由监管部门决定的连续 5 年的年平均有效剂量，20 毫希沃特（希沃特简称"希"，是辐射剂量的一种单位。1 毫希沃特等于千分之一希沃特）；

第二，任何一年中的有效剂量，50 毫希沃特；

第三，眼晶体的年当量剂量，150 毫希沃特；

第四，四肢（手与足）或皮肤的年当量剂量，500 毫希沃特。

2. 公众照射剂量限值

实践使公众中有关关键人群组的成员受到的平均剂估计值不应超过下述限值：

第一，年有效剂量，1 毫希沃特；

第二，特殊情况下，如果 5 个连续年的年平均剂量不超过 1 毫希沃特，则某一单一年份的有效剂量可提高到 5 毫希沃特；

第三，眼晶体的年当量剂量，15 毫希沃特；

第四，皮肤的年当量剂量，50 毫希沃特。

核电的发展历程

　　自从 1954 年第一座核电站问世至今，世界上广泛使用的核电站都是第一代核电站，即热中子堆核电站。这种核电站铀资源利用率很低，只能利用铀资源的 1%～2%，只不过是裂变能利用的初级阶段。第二代是快中子增殖堆。第三代是聚变堆，目前正处于试验阶段，没有得到商业化应用。下面分别说一说第一代、第二代、第三代核电站的燃料、功率等特点。

　　第一代称为热中子反应堆，这种核反应堆的核燃料是铀－235 的低浓缩铀。用速度不太快的热中子来轰击铀－235，使其发生裂变。在反应堆里，是用慢化剂把快中子速度降低，使之成为热中子。热中子成为使铀－235 发生裂变的"炮弹"。

　　第二代是快中子增殖堆。因为热中子只能让铀－235 发生裂变，而铀－235 在天然铀中含量很少，只占 0.7% 左右，这样，在这种反应中，剩余的占 98% 左右的铀－238 就得不到应用，从而被白白的浪费掉。为了把这些铀－238 充分利用起来，近年又出现了快中子增殖堆，也就是快堆。这种快堆用的核燃料是钚－239，反应堆不需要装慢化剂，依靠钚－239 发出裂变反应来使裂变反应得以进行。这种新型的核反应堆最突出的特点就是"边烧边生"，也就是说钚－239 裂变产生的快中子会被装在反应区周围的钚－238 吸收，又变成钚－239，并且新产生的钚－239 比烧掉的还要多，因此被称为快中子增殖堆。据统计，这种反应堆可以把铀资源的利用率提高几十倍。

　　第三代是受控聚变堆，这种反应堆的燃料（重氢，即氘）来源非常丰富，仅海洋里储藏的氘就够人类用 100 亿年。原子核的聚变能比裂变能要大 10 倍以上，因此受控核聚变是今后核能发展的主要方向，它将为人类提供无穷无尽的能源。但是，这种聚变反应要求的条件很苛刻，必须要有上亿摄氏度的高温。什么样的容器能承受这样的高温呢？至今还没有找到。目前，不少国家的科学家都在研究实现控制核聚变的方法，并且已经取得一些成功。

早在 20 世纪 90 年代，美国能源部就已经着手规划发展在经济性、安全性和废物处理等方面有重大革命性改进的新一代先进核能系统——"第四代先进核能系统"。

1999 年 6 月美国核学会年会中最先提出发展第四代先进核能系统。当年 11 月召开的美国核学会冬季年会上，美国能源部进一步明确了发展第四代核能系统的设想。按照目前的共识，第一代核能系统是指 20 世纪 50 年代末～60 年代初，世界上建造的第一批原型电站。第二代核能系统是指在 20 世纪 60 年代～70 年代世界上大批建造的单机容量在 600～1400 兆瓦的标准型核电站。它们构成了世界上目前运行的核电站的主体。第三代核电系统指 20 世纪 80 年代开始发展，在 90 年代投入市场的先进轻水堆核电站。它的初始市场定位是 20 世纪 90 年代的美国和欧洲市场，但由于电力市场解除管制的改革，这种核电系统在一个自由竞争的市场上存在着初投资太高、建设期太长和项目规模太大的缺陷。为了满足未来世界能源的需求，保持美国能源供应的安全性，减少二氧化碳排放和环境影响，保持对美国国家利益具有基石作用的核能基础设施和美国在核能领域的世界领导地位，美国能源部提出了第四代先进核能计划，其目标是在 2020 年左右，向市场上提供能够很好解决核能经济性、安全性、废物处理和防止核扩散问题的第四代先进核能系统。

第四代先进核能系统必须满足的主要指标是：能够和其他电力生产方式相竞争，总的电力生产成本低于每度电 3 美分；初投资每千瓦小于 1000 美元；建设期小于 3 年；堆芯熔化概率低于 6～10/（堆·年）；在事故条件下无厂外释放，不需厂外应急。这是核能安全的一个革命性改进，其目的是无论核电站发生什么事故，都不会造成对厂外公众的损害；能够通过对核电站的整体实验向公众证明核电的安全性等。

核聚变是一种理想的能源方式

　　核聚变是除核裂变外的另一种核反应方式。我们的能源供应有多种方式，但是可以这样说，迄今为止，核聚变应该是最理想的能源供应方式。在很早以前，人类就在思索：太阳发出的巨大能量是从什么地方来的？现在科学家已经弄清楚，太阳发出的能量是来源于组成太阳的无数的氢原子核。在太阳中心高达1500万摄氏度的超高温以及超高压下条件下，这些氢原子核互相作用，发生核聚变，结合成较重的氦原子核，同时释放巨大的光和热。从太阳能的来源得到启发，科学家认识到，在人工控制下氢元素的核聚变反应即受控热核反应，是未来人类最有希望的能量来源。

　　那么，什么又是核聚变呢？核聚变是指由质量小的原子，主要是指氘或氚，在一定条件下（如超高温和高压）发生原子核互相聚合作用，生成新的质量更重的原子核，并伴随着巨大的能量释放的一种核反应形式。我们已经知道，原子核中蕴藏巨大的能量，原子核的变化往往伴随着能量的释放。如果是由重的原子核变化为轻的原子核，就是核裂变，如原子弹爆炸；如果是由轻的原子核变化为重的原子核，就是核聚变。与核裂变相比，核聚变有两个突出的优点。第一个优点是地球上蕴藏的核聚变能远比核裂变能丰富得多。氘和氚是发生核聚变的重要原料，地球上氘的资源异常丰富，仅在海水中就

有45万亿吨氘。地球上蕴藏的核聚变能约为蕴藏的可进行核裂变元素所能释出的全部核裂变能的1000万倍，是一种取之不竭的能源。至于氚，虽然自然界中不存在，但靠中子同锂作用可以产生，而海水中也含有大量锂。第二个优点是既清洁又安全，因为它不会产生污染环

境的放射性物质，所以是清洁的。同时受控核聚变反应可在稀薄的气体中持续地稳定进行，所以是安全的。由于受控热核反应要比建造原子能反应堆困难得多，近30年来世界各国都在大力研究。1991年11月9日，14个欧洲国家合资，在欧洲联合环型核裂变装置上成功地进行了首次氘－氚受控核聚变试验。这次试验持续时间仅为两秒，发出了1.8兆瓦电力的聚变能量，温度高达3亿摄氏度，比太阳内部的温度还高20倍。实验表明，核聚变比核裂变产生的能量效应要高600倍，比煤高1000万倍。因此科学家们认为，氘－氚受控核聚变的试验成功，是人类开发新能源的一个里程碑。

最早的实现核聚变的著名方法是"托卡马克"型磁场约束法，"托卡马克"来自俄语，是前苏联物理学家阿奇莫维奇命名的。在俄语中，"托卡马克"是"环形"、"真空"、"磁"、"线圈"几个词的组合，即"环流磁真空室"的缩写。20世纪50年代初，前苏联著名物理学家塔姆提出了用环形强磁场约束高温等离子体的设想。前苏联物理学家阿奇莫维奇受到这一思想的启发，开始对这一装置进行研究。最初，他们在环形陶瓷真空室外套多匝线圈，利用电容器放电使真空室形成环形磁场。与此同时，用变压器放电使等离子体电流产生极向磁场。后来又利用不锈钢真空室代替陶瓷真空室，同时改进了线圈的工艺，增加了匝数，改进了磁场位形，最后成功地建成了一个高温等离子体磁约束装置。这一形如面包圈的环形容器被阿奇莫维奇命名为"托卡马克"。

在托卡马克装置中，聚变反应是在圆环形的聚变反应室内进行的。这个反应室像一个巨大的汽车轮胎的内胎。圆环上缠绕的线圈产生的强磁场将等离子体"圈"在圆环的中心，使它们不与圆环的内壁接触。我们知道，一般物质到达10万摄氏度时，原子中的电子就脱离了原子核的束缚，形成等离子体。等离子体是由带正电的原子核和带负电的电子组成的气体，在磁场中，它们的每个粒子都是显电性的，带电粒子会沿磁力线做螺旋式运动，所以等离子体就这样被约束在这种环形的磁场中。这种环形的磁场又叫"磁瓶"或"磁笼"，它并非实质特体，也不接触有形的物体，因而也就不怕什么高温了，它可以把炙热的等离子体托举在空中。

人们本来以为，就像烤面包一样，有了"面包炉"，只需把氘、氚放入炉内加火烤制，把握好火候，就会产生能量。然而，事实却是，在加热等离子体的过程中能量耗散严重，温度越高，耗散越大。一方面，高温下粒子的碰撞使等离子体的粒子会一步一步地横越磁力线，携带能量逃逸；另一方面，高温下的电磁辐射也要带走能量。这样，要想把氘、氚等离子体加热到所需的温度，确实不是一件容易的事。另外，磁场和等离子体之间的边界会逐渐模糊，等离子体会从磁笼里逃跑，而且当约束等离子体的磁场一旦出现变形，就会变得极不稳定，造成磁笼断开或等离子体碰撞到聚变反应室的内壁上。

几十年来，人们一直在研究和改进磁场的形态和性质，以达到长时间的等离子体的稳定约束；还要解决等离子体的加热方法和手段，以达到聚变所要求的温度；在此基础上，还要解决维持运转所耗费的能量大于输出能量的问题。尽管研究取得了相当大的进步，但还存在一些无法克服的障碍。到目前为止，托卡马克装置都是脉冲式的，等离子体约束时间很短，大多以毫秒计算，个别可达到分钟级，还没有一台托卡马克装置实现长时间的稳态运行，而且在能量输出上也没有做到不赔本运转。

50 年来，人们在改善磁场约束和等离子体加热上取得了一定成绩，全世界共建造了上百个托卡马克装置。1982 年，前苏联建成超导磁体 T-15，同一年，美国在普林斯顿大学建成了托卡马克聚变实验反应堆（TFTR）；1983 年 6 月，欧洲在英国建成了更大装置的欧洲联合环（JET）；1985 年，日本建成了 JT-60。它们后来在磁约束聚变研究中作出了决定性的贡献。特别是欧洲的 JET 已经实现了氘、氚的聚变反应。1991 年 11 月，欧洲联合环将含有 14% 的氚和 86% 的氘混合燃料加热到了 3 亿摄氏度，聚变能量约束时间达两秒，反应持续 1 分钟，产生了 10^{18} 个聚变反应中子，聚变反应输出功率约 1.8 兆瓦。1997 年创造了核聚变输出功率为 12.9 兆瓦的新纪录，这一输出功率已达到当时输入功率的 60%。不久，输出功率又提高到 16.1 兆瓦。在托卡马克上最高输出与输入功率比已达 1.25。美国、法国等在 20 世纪 80 年代中期发起了耗资 46 亿欧元的国际热核实验反应堆计划，旨在建立世界上第一个受控热核聚变实验反应堆，为人类输送巨大的清洁能量。因为受控热核聚变反应堆产生能量的过程与太阳产生能量的过程类似，因此受控热核聚变实验装置也被俗称为"人造太阳"。

为了维持强大的约束磁场，反应堆需要的电流的强度非常大，时间长了，线圈就要发热。从这个角度来说，常规托卡马克装置不可能长时间运转。为了解决这个问题，人们把最新的超导技术引入到托卡马克装置中，也许这是解决托卡马克稳态运转的有效手段之一。目前，法国、日本、俄罗斯和中国共有 4 个超导的托卡马克装置在运行，它们都只有纵向场线圈采用超导技术，属于部分超导。其中，法国的超导托卡马克 Tore–Supra 体积较大，它是世界上第一个真正实现高参数准稳态运行的装置，在放电时间长达 120 秒的条件下，等离子体温度为 2000 万摄氏度，中心粒子密度为每立方米 1.5×10^{19} 个。

实现核聚变的另一种方法是惯性约束法。惯性约束核聚变是把几毫克的氘和氚的混合气体或固体装入直径约几毫米的小球内。从外面均匀射入激光束或粒子束，球面因吸收能量而向外蒸发，受它的反作用，球面内层向内挤压（反作用力是一种惯性力，靠它使气体约束，所以称为惯性约束），就像喷气飞机气体往后喷而推动飞机前飞一样，小球内气体受挤压而压力升高，并伴随着温度的急剧升高。

当温度达到所需要的点火温度时，小球内气体便发生爆炸，并产生大量热能。这种爆炸过程时间很短，只有几个皮秒（1 皮秒 = 10^{-12} 秒）。如每秒钟发生三四次这样的爆炸并且连续不断地进行下去，所释放出的能量就相当于

托卡马克实验装置

百万千瓦级的发电站。这个原理虽然十分简单，但是现有的激光束或粒子束所能达到的功率离需要的还差几十倍、甚至几百倍，加上其他种种技术上的问题，使惯性约束核聚变仍是可望而不可即的。尽管实现受控热核聚变之路十分漫长，但其美好前景的巨大诱惑力正吸引着各国科学家在奋力攀登。

我国的核聚变研究也有较快的发展。1984年，西南物理研究院建成中国环流器一号（HL−1），1995年建成中国环流器新一号。中国科学院等离子体物理研究所1995年建成超导装置HT−7。2003年3月31日，实验取得了重大突破，获得超过1分钟的等离子体放电，这是继法国之后第二个能产生分钟量级高温等离子体放电的托卡马克装置。

我国于2003年加入ITER计划。位于安徽合肥的中科院等离子体所是这个国际科技合作计划的国内主要承担单位，在HT−7的基础上，等离子体物理研究所自主研制和设计了"实验型先进超导托卡马克（EAST）"。EAST是世界上第一个具有非圆截面的全超导托卡马克，也是具有国际先进水平的新一代核聚变实验装置。这个近似圆柱形的大型物体由特种无磁不锈钢建成，高约12米，直径约5米，总重量达400吨。该装置的稳定放电能力十分强，为创纪录的1000秒，在世界上处于遥遥领先的装置。与ITER相比，EAST在规模上小很多，但两者都是全超导非圆截面托卡马克，即两者的等离子体位形及主要的工程技术基础是相似的，而EAST至少比ITER早投入实验运行10～15年。

EAST团队在大型超导磁体的设计、制造、超导磁体性能测试、精密加工等方面取得了重大突破，独立自主加工制造了超导托卡马克所有核心部件和绝大多数的关键设备，其自主研发部分大于90%，实现了EAST装置的安装调试运行放电一次成功。与国际同类实验装置相比，EAST是使用资金最少、建设速度最快、投入运行最早、投入运行后最快获得首次等离子体的先进超导托卡马克核聚变实验装置。虽然在实验室中已出现了"人造太阳"的奇观，但它还依旧不能被投入到商业运行中，它所发出的电能在短时间内还不可能进入人们的家中。根据目前世界各国的研究状况，这一梦想最快有可能在30～50年后实现。

接下来，我国又自主研发了受控核聚变装置——"中国环流器二号A"（简称"HL2A"）它被称为"人造太阳"。这是我国第一个具有偏滤器位形的托卡马克装置，其中央为一环形的真空室，外面缠绕着无数线圈，通电时其内部会产生巨大的螺旋型磁场，它可以约束高温（通常为上亿摄氏度）高压极端条件下的等离子体。探索利用磁约束原理来实现受控核聚变是该装置的主要目的。

2006年，"HL2A"的运行参数达到等离子体电流430kA，纵向磁场2.7T，并实现了在高等离子体电流条件下连续23次的重复稳定放电。这是我国核聚变装置继"HL2A"2003年成功实现偏滤器位形放电以来，取得的又一重要成果。2006年12月，通过利用兆瓦级电子回旋共振加热等手段，"HL2A"内的等离子体电子温度"跃升"到5500万摄氏度，朝核聚变装置"点火"所需的上亿摄氏度高温迈进了一大步，迄今为止，这是我国磁约束核聚变装置达到的最高等离子体电子温度，标志着我国磁约束核聚变研究跃上了一个新台阶。

2007年，"HL2A"的物理实验又取得了一批国际创新性的成果：在国际磁约束聚变研究领域，首次发现了自发产生的粒子输运垒存在；首次观测到与理论一致的准模结构；首次证实低频带状流的环向对称性现象。这是我国

中国环流器二号 A

科学家对磁约束聚变等离子体物理作出的新贡献，这些都表明我国在高温等离子体输运物理研究方面已位列国际前沿。

与此同时，西南物理研究院还自主研制了兆瓦级中性束加热系统，并成功地应用于"HL2A"装置的物理实验，首次成功研发了国内最大功率中性束离子源（单个离子源离子束功率达0.8兆瓦以上），填补了我国在大功率中性束加热领域的工程技术空白，成为我国在核聚变关键工程技术方面的又一项重大技术突破。中性束加热是当今核聚变能源研究及未来聚变堆的主要加热手段之一。大功率离子源是中性束加热系统的核心关键部件，目前，这种大功率离子源的研制技术只为日本和欧美等少数西方发达国家所掌握。

西南物理研究院"HL2A"兆瓦级中性束系统的成功研制和应用，标志着我国大功率中性束加热技术取得了突破性进展，表明我国已具备开展中性束注入条件下聚变等离子体物理实验研究的能力。这不仅极大地提升了我国核聚变的工程研制能力和实验研究水平，也为我国未来聚变堆的自主研发和运行奠定了必备的工程技术基础。

快中子增殖反应堆

快堆是一种以快中子引起易裂变核铀－235或钚－239等裂变链式反应的堆型。快堆的一个重要特点是：快堆运行时，在消耗裂变燃料的同时又产生新的裂变燃料，钚－239等，而且产出大于消耗，真正消耗的是在热中子反应堆中不大能利用的、且在天然铀中占99.2％以上的铀－238，铀－238吸收中子后变成钚－239。在快堆中，裂变燃料越烧越多，得到了增殖，因此快堆的全名为快中子增殖反应堆。快堆是当今唯一现实的增殖堆型。压水堆是热中子堆（或称"慢中子堆"），主要利用铀－235作为裂变燃料，而铀－235只占天然铀的0.7％左右。对压水堆来说，烧一次只能烧掉核燃料（即投入铀资源）的0.45％左右，剩下的99％还是烧不掉，造成极大的浪费，其中主要是铀－238。

如果把快堆发展起来，将压水堆运行后产生的工业钚和未烧尽的铀－238作为快堆的燃料也进行如上的多次循环，由于快堆是增殖堆，裂变燃料实际不消耗，真正消耗的是铀－238，所以只有铀－238消耗完了才能停止循环。理论上，发展快堆能将铀资源的利用率提高到100％，但考虑到加工、处理中的损耗，一般来说可以达到60％~70％的利用率，是压水堆燃料一次通过的利用率的130~160倍。利用率提高了，贫铀矿也有开采价值，从而使铀资源的可采量大大提高。

国外快堆的发展已有半个世纪，发展快堆的国家有美国、俄罗斯、英国、法国、日本、德国、意大利、印度、韩国9个国家，总共建成过21座快堆。目前所有建造快堆的国家为了未来大规模核能的发展，均不同程度地开始研究用快堆来焚烧热堆产生的放射性废物，使核能变成更加清洁的能源，同时也开展一些新型快堆的预研。要想大规模发展核能来替代常规能源，必然要发展快堆和相应的闭式燃料循环，将铀资源用好、用尽。如果热堆发展已有一定规模，就应考虑首先用快堆、继而用更有效的加速器驱动次临界快堆将长寿命废物尽量焚烧掉，尽量减少在地下深埋的废物。

聚变裂变混合堆

在核聚变过程中，氘、氚聚变不仅是一个巨大的能源，而且是一个巨大的中子源。我们可以利用聚变反应室产生的中子，在聚变反应室外的铀-238、钍-232包层中生产钚-239或铀-233等核燃料。这就是所谓的聚变裂变混合堆，简称"混合堆"。

一、混合堆的运行原理

混合堆是一个可供选择的堆型。铀-235原子核一次裂变可以放出2.43个中子，氘、氚一次聚变只放出1个中子，比铀-235一次裂变放出的中子少，但由于铀-235吸收中子后有一部分会变成铀-236而不裂变，所以铀-235每次平均要吸收1.175个中子才能裂变，要求铀-235质量大，如果按相同质量比较，氘、氚聚变放出的中子数是铀-235裂变释放的净中子数的43倍以上。氘、氚聚变时释放的能量80%变成聚变时放出的中子的动能，因而氘、氚聚变不仅释放的中子数量多，而且释放的中子能量高。铀-235裂变放出的中子能量大多为100~200万电子伏，而氘、氚聚变放出的中子能量高达1400万电子伏。但是很难直接利用高能量中子的这部分动能。

可是从生产核燃料的角度来看，一个裂变中子的作用远远及不上一个聚变中子的作用。这是因为高能聚变中子轰击到铀-238及钍-232靶上，可以产生一系列串级的引起中子和核燃料增殖的核过程，释放出比聚变中子能量稍低但数量增加几倍的次级中子。这些次级中子除了一部分仍可使铀-238及钍-232裂变继续放出中子外，还有一部分可以使铀-238及钍-232变成钚-239及铀-233等优质核燃料。

在适当厚的天然铀靶内，一个聚变中子可以生产出22倍于它所携带的能量，并获得5个钚-239原子核。正是由于这个原因，如果在聚变反应室外放置一层足够厚的由天然铀、铀－238或钍－232组成的再生区，聚变产生的中子就可以在再生区生产钚－239及铀－233，并释放出裂变能。这个再生区又叫混合堆的裂变包层。当然聚变中子也可以使再生区中的锂变成氚，补充氚的消耗。

二、混合堆的分类

混合堆也有不同的类型。我们根据混合堆裂变包层工作方式的不同，可将混合堆分为快裂变型混合堆和抑制裂变型混合堆两种类型。快裂变型混合堆就是利用聚变产生的高能快中子在裂变包层产生一系列串级的核过程，大量生产钚－239或铀－233核燃料。与此同时，由于铀－238、钚－239或铀－233的大量裂变也在裂变包层产生大量裂变热；抑制裂变型混合堆则是在包层中放入大量的铍等慢化材料，使聚变产生的高能快中子很快慢化为热中子等能量低的中子。这些中子难以使铀－238、钍－232裂变，主要是使它们变成钚－239、铀－233。通过频繁的后处理，将钚－239、铀－233及时提取出来，从而降低它们裂变的可能性。

在有效地生产核燃料方面，快裂变型合堆可以有效生产，抑制裂变型混合堆不仅不能有效生产，而且过多的后处理使生产成本增加。但抑制裂变型混合堆由于裂变包层中裂变几率少，裂变热的产生也就大大减少，可以简化包层内裂变热的导出问题。

混合堆的发展中，需结合具体的堆型，研究堆的启动、控制、加料、能量的传递与转换、放射性屏蔽及检修等有关工程问题。托卡马克虽然目前比其他聚变途径成熟，但如果用托卡马克建造混合堆，结构复杂，不便进行混合堆的总体布置，维修比较困难。如果不采用昂贵的清除杂质的偏滤器，这种堆由于杂质的积累，再加上磁场的不稳定性，只能脉冲运行。由于脉冲运行，结构材料要经历温度循环和应力循环，而且冷却剂回路要能够储存脉冲时产生的能量，以保证功率相对稳定的输出。串级磁镜混合堆是很有前途的堆型，因为它运行平稳，为实现聚变而消耗的能量的利用效率高，便于检修和屏蔽。

三、混合堆的相对优势

和混合堆相比，快堆是有十分明显的缺陷。快堆和混合堆一样，也是同时生产能量及核燃料的工厂，但和混合堆相比，快堆有3个缺点：

第一，快堆要有很大的初始装料，例如120万千瓦的"超凤凰"快堆，要装4吨核燃料，而混合堆不需要投入铀－235或钚－239等核燃料，可以直接用天然铀或核工业中积存下来的贫铀、乏燃料；

第二，快堆倍增时间较长，要每过6年甚至30多年，才能增殖出一座相同功率的快堆用的核燃料，因此一座快堆增殖的核燃料除自身消耗外，只能在积累到一定量后"养活"一座快堆，而混合堆生产的钚－239或铀－233比相同功率的快堆多几倍到十几倍，因而可以用混合堆来"养活"几倍甚至十几倍于它的相同功率的压水堆或快堆；

第三，快堆和压水堆一样，都必须在实现链式反应的状态下运行，而用混合堆生产钚－239或铀－233时，不需要达到实现链式反应的条件，因而有可能更加安全。

为了获得有益的能量输出，聚变堆要求聚变产生的能量远大于为创造实现聚变的条件而消耗的能量。混合堆只要求聚变产生的能量与消耗的能量差不多相等就可以了，因而它对聚变的要求比纯聚变堆容易些。

目前的聚变技术，特别是进展得比较快的托卡马克，虽然在个别孤立的指标上达到或接近于为设计混合堆所要求的条件，但是从工程观点来看，这些技术还远没有成熟。有一个聚变反应室作为堆芯是建造混合堆的首要条件，它能连续而稳定地提供大量廉价的中子，即使不能连续和稳定地运行，至少也应能按照需要有周期地运行。而目前的聚变装置都耗资巨大，虽然有可能在短暂的时间里提供相当数量的中子，却不能连续和稳定或按照需要有周期地运行。专家们估计，要建造一个稳定、廉价的聚变中子源，需要经过30～40年的努力。

对于以磁约束实现聚变的混合堆，从聚变区逸出的离子和中子会使聚变反应室壁受到严重的辐照损伤。反应室壁受到轰击后溅射出来的杂质进入等离子体后又会使聚变区温度降低而熄火，对于惯性约束，反应室壁受到的伽马射线及离子射线的轰击也很严重。因此研制混合堆必须要愉的问题是研究聚变区内约束等离子和实现聚变的条件、研究等离子体与聚变反应室壁的相互作用。

四、混合堆的难题

由于聚变反应室壁和高温等离子体的相互作用，会使反应室壁发热。目前多希望用锂或锂的化合物来冷却它，以便在冷却反应室壁的同时增殖氚。估计在用锂冷却的条件下，反应室壁将达到 800℃ 以上的高温，比目前钠冷快堆燃料元件包壳的使用温度高 200 多摄氏度。如此高的温度及高能中子、离子、伽马射线和中性原子的轰击，使聚变反应室壁的工作条件比裂变堆中的结构材料的工作条件苛刻得多。

由于聚变反应室壁难以更换，为了满足经济运行的要求，科研工作者希望反应室壁能长期工作，甚至工作到混合堆退役。但是，目前尚没有发现这种材料，因此研制反应室壁的结构材料，研究冷却剂对它的腐蚀，是实现混合堆的重要课题。对于磁约束的混合堆来说，如果采用液态锂作为冷却剂，由于它在强磁场中的磁流体阻力，要消耗大量的泵功率来驱使它流动，将严重影响其经济性的改善。

如果在聚变反应室外加上裂变包层，会使上面的问题更加难以解决。这是由于裂变包层中的铀和钍在聚变反应室放出的中子轰击下有强烈放射性。对于托卡马克型聚变—裂变混合堆，如采用离子回旋加热，就会有数十甚至上百根巨大的同轴电缆要穿过裂变包层到聚变反应室。

电缆除了会减少包层覆盖率外，这种电缆中的绝缘材料也可能在强烈的中子轰击下破坏。目前还考虑用低混杂波电流驱动使托卡马克在接近于稳态的状态下运行，如果这样，则穿过包层的波导管会使裂变包层留下不少难以屏蔽的空洞，大量中子及伽马射线会从空洞中泄漏，使工作人员难以接近。其他类型的聚变—裂变混合堆也有类似问题。

由于混合的裂变包层是在没有链式反应的状态下运行，因而一旦出现链式反应的条件，就会形成切尔诺贝利核电站那样的严重事故。这是由于按照混合堆设计要求以及混合堆空间的限制，它不存在裂变反应堆那种紧急停堆保护系统。

混合堆的裂变包层靠近聚变反应室一侧，由于中子通量高，因而功率比另一侧高得多。混合堆裂变包层的功率分布的梯度，要比裂变反应堆大得多，功率分布的不均匀给混合堆的运行造成了困难。由于上述原因，不少学者认为，混合堆不仅将聚变堆和裂变堆的优点结合在一起，也将两者的困难结合在一起。有的学者甚至认为，混合堆比纯聚变堆还困难。但不管怎样，混合堆仍然是一个可供考虑的途径。

中国核能的发展历程

一、中国原子科研的起步

核武器在二战后成为了世人关注的焦点。为了遏止核讹诈政策，世界和平人士也希望新中国掌握核武器。1951 年 10 月，著名的国际和平战士、法国杰出的科学家约里奥·居里约见中国的归国科学家，要他转告中国领导人：你们要反对原子弹，你们必须要有原子弹，原子弹也不是那么可怕的。约里奥·居里夫人还将亲手制作的 10 克含微量镭盐的标准源送给回中国的科学家，以实际行动表示对中国人民开展核科学研究的支持。

新中国成立前，原子核科学高级研究人员只有十几个人，且分散在各地。至于设备器材更是少得可怜。核科研工作的起步，铀资源的发现和初探，国家基础工业的发展在客观上创造了基本条件，形势的发展需要国家创建核工业。中共中央把这项工作提到了重要议事日程。

1955 年 1 月 14 日，周恩来总理同著名地质学家李四光和核物理学家钱三强谈话，详细地询问了我国核科学研究人员、设备和铀矿地质资源的情况，还认真、细致地了解了反应堆、原子弹的原理和发展核能技术所需要的条件。第二天，即 15 日，毛泽东主席在中南海主持召开了中共中央书记处扩大会议，在听完汇报后，他十分高兴地向到会的人说："现在到时候了，该抓了。只要排上日程，认真抓一下，一定可以搞起来。"这是一次对中国核工业具有重大历史意义的会议。在这次会议中，中国要发展核工业被确定为国家的战略决策，标志着中国核工业建设的开始。

1956 年上半年，在周恩来总理直接领导下制定的中国 1956~1967 年科学技术发展远景规划，把原子能工作列为规划的第一项重点任务。中共第八次全国代表大会通过的关于发展国民经济的第二个五年计划的建议，也把发展原子能事业作为经济建设的一项重要任务。

1956 年 7 月 28 日，周恩来总理向毛泽东主席、党中央报告，建议成立原子能事业部。1958 年改称第二机械工业部，1982 年又改名为核工业部。原子能事业作为中央的一项伟大战略决策，不仅得到了全国人民的拥护，也得到了世界人民的支持。中国奉行的是"自力更生为主，争取外援为辅"的方针。中国发展核工业的初创时期，曾争取前苏联的技术援助。根据中苏协定规定，为援助中国研制原子弹，前苏联将向中国提供原子弹的教学模型和图纸资料。根据中苏协定，前苏联援建研究性重水反应堆和回旋加速器。1958 年 6 月 13 日，反应堆达到临界。7 月 1 日，人民日报发表了这则消息，同时宣布中国科学院物理所改名为中国科学院原子能研究所。

二、自力更生战胜困难

中国核能事业的发展道路是曲折的。在 1958 年全国"大跃进"的气氛中，二机部也先后提出了"全民办铀矿"、"大家办原子能科学"的口号，这带有很大的盲目性，不切合实际，违背了客观规律，因而导致指标过高，要求过急，布点过多，战线过长，造成了损失和浪费。由于中苏两党出现政治分歧，并进而扩大到国家关系的恶化，苏联对中国的局部限制就演变为全面断绝援助。1960 年 7 月 16 日，前苏联政府照会中国政府，他们决定撤走全部在华苏联专家，到 8 月 23 日，在中国核工业系统工作的 233 名前苏联专家全部撤走回国。

这时，根据中央的决策，二机部提出了核工业在新形势下的总任务是：3 年突破，5 年掌握，8 年适当储备。具体要求是，争取在 5 年内自力更生制成原子弹，并进行爆炸试验；在 8 年内有一定数量的储备。核工业的建设和发展是一个国家技术经济实力的一种反映，是建立在全国的技术经济基础之上的，因此必须依靠全国人民的力量。中央于 1961 年 7 月 16 日作出了《关于加强原子能工业建设若干问题的决定》。

1962 年，为加强领导，组织实施，决定在中共中央直接领导下成立一个 15 人专门委员会。由国务院及中央军委有关部门负责人参加，周恩来总理任主任。在中央专门委员会的领导下，全国先后有 26 个部（院）、20 个省、市、自治区，包括 900 多家工厂、科研机构、大专院校参加了攻关会战。

三、震撼世界——中国第一颗原子弹爆炸成功

铀浓缩厂于 1964 年初取得了合格的高浓铀。于 1964 年 4 月浇铸出铀和钚毛坯，随即加工出第一套原子弹核部件。二机部把前苏联来信拒绝提供原子弹教学模型和图纸资料的日期，1959 年 6 月，作为第一颗原子弹的代号："596"。

1964 年 10 月 16 日，中国自行研究、设计、制造的第一颗原子弹装置爆炸成功。

试验结果证明，中国第一颗原子弹的理论、结构设计，各种零部件、组件和引爆控制系统的设计和制造以及各种测试方法和设备，都达到了相当高的水平。

中国首次核试验的成功，极大地鼓舞了和平力量，为保卫世界和平作出了巨大贡献。

我国第一颗原子弹爆炸成功

中国第一颗原子弹装置爆炸的成功，标志着中国核工业基础的初步建立。

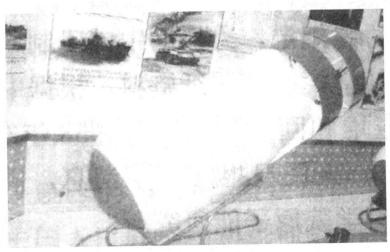

中国第一颗原子弹（模型）

四、探索氢弹

　　第一颗原子弹装置爆炸成功后，中国科学家们马上开始探索下阶段的主要目标：加速原子弹武器化，突破和掌握氢弹技术；尽快建成新的科研生产基地，改变核工业的战略布局；抓紧研究建造潜艇核动力装置。1967 年 6 月 17 日，我国成功地进行了第一颗氢弹爆炸试验，使中国进入世界核先进国家的行列。

中国第一颗氢弹爆炸成功

我国第一颗氢弹（模型）

五、中国研制的核潜艇问世

　　早在 1958 年，中国就开始组织力量研制核潜艇。首次核试验成功后，加紧研制核潜艇的任务便被进一步提到了日程上。核潜艇的动力堆是一项技术复杂、难度很大的工程。中国的科研工作者们在十分艰苦的条件下开始了探索，一无技术资料，二无必要的实验设备和现代化的计算工具，全靠自己摸索和创造条件。

　　1971 年 9 月，中国自己建造的第一艘核潜艇安全下水，试航成功。这是继原子弹、氢弹试验成功后，中国核技术和核工业发展的又一突出的重大成就。核潜艇的研制成功，加强了中国的国防，也为核电站的发展培养了人才、积累了经验。

六、早已掌握中子弹

中子弹的特点是在爆炸时能放出大量置人于死地的中子，其中子产出量约为同等当量原子弹的 10 倍，并使冲击波等的作用大大缩小。"对人不对物"是中子弹的主要特点，在战场上，中子弹只杀伤人员等有生目标，不摧毁诸如建筑物、技术装备等。

中子弹爆炸

1999 年 7 月 15 日，中国政府宣布：中国早在 20 世纪七八十年代就相继掌握了中子弹设计技术和核武器小型化技术。

我国自行研制的核潜艇

中国的核电站

　　1973 年，中国的核电事业开始起步，历经周折后，到 20 世纪 80 年代中期，核电事业才步入正轨。截止到 2008 年 12 月 27 日，中国已有秦山一期、二期和三期核电站的 5 台机组，江苏田湾核电站的两台机组，广东大亚湾核电站的两台机组和岭澳核电站的两台机组共 11 台机组投入运行，总装机容量900 万千瓦。而目前新开工和已核准的核电规模已达 2290 万千瓦。2008 年以来，已先后核准并开工建设了福建宁德、福建福清、广东阳江和方家山 4 个核电站，而新开工和已经核准的核电规模是已建成核电规模的 2.5 倍。在2008 年年初的雨雪冰冻天气中，核电明显体现出其在燃料运输、电力稳定性等方面的突出优势。而 2008 年年底，为了抵御国际金融危机冲击、解决当前中国经济运行中的突出问题，一批国家级重点工程启动和加快了建设，其中包括多个核电项目。根据"十一五"规划，到 2020 年中国核电装机容量将达4000 万千瓦，占中国全部电力装机容量的 4%，这一比重到 2030 年将达到16%，赶上世界平均水平。下面简要介绍一下中国正在运行的几座核电站。

　　秦山核电站。秦山核电站位于杭州湾畔，一期工程是中国第一座依靠自己的力量设计、建造和运营管理的 30 万千瓦压水堆核电站。1985 年 3 月浇灌

秦山核电站

广东大亚湾核电站

第一罐核岛底板混凝土，1991年12月首次并网发电，1994年4月投入商业运行，1995年7月通过国家验收。

二期工程是建设中国自主设计、自主建造、自主管理、自主运营的首座2×60万千瓦商用压水堆核电站，于1996年6月2日开工，经过近6年的建设，第一台机组于2002年4月15日比计划提前47天投入商业运行。

秦山三期（重水堆）核电站采用加拿大成熟的坎杜6重水堆核电技术，建造两台70万千瓦级核电机组。1号机组于2002年11月19日首次并网发电，并于2002年12月31日投入商业运行。2号机组于2003年6月12日首次并网发电，并于2003年7月24日投入商业运行。

大亚湾核电站。广东大亚湾核电站是中国第一座成套进口的大型商用核电站。大湾核电站西南距香港市中心约50千米，西距深圳市中心约45千米，便于向粤港两个电网输送电力。

大亚湾核电站装有两座电功率为90万千瓦的三环路压水堆核电机组，采用法国成熟的标准系列CPY型的改进型M310反应堆。1987年8月电站主体工程正式开工，1994年两台机组先后建成投产。大亚湾核电站年发电量约

130 亿摄氏度，电力 70% 供香港，30% 供广东，自投产以来取得了良好的社会效应和经济效益。

田湾核电站。田湾核电站位于江苏省连云港市连云区田湾，厂区按 4 台百万千瓦级核电机组规划，并留有再建 2~4 台的余地。田湾核电站的一期建设两台单机容量为 106 万千瓦的俄罗斯 AES91 型压水堆核电机组，设计寿命为 40 年，年平均负荷因子不低于 80%，年发电量为 140 亿千瓦·时。工程于 1999 年 10 月 20 日正式开工，单台机组的建设工期为 62 个月，分别于 2004 年和 2005 年建成投产。

岭澳核电站。岭澳核电站一期工程于 1997 年 5 月开工建设。它位于广东大亚湾西海岸大鹏半岛东南侧。岭澳核电站是"九五"期间中国开工建设的基本建设项目中最大的能源项目之一。岭澳核电站的一期工程拥有两台百万千瓦级压水堆核电机组，2003 年 1 月全面建成投入商业运行，2004 年 7 月 16 日通过国家竣工验收。目前正展开二期工程建设。

从中国能源现状和经济发展要求来看，中国发展核能是十分必要的。随着中国核电中长期发展规划的发布，中国核电发展不断升温。秦山二期项目、田湾核电站、三门核电项目等顺利推进。

到 2020 年，中国核电总装机容量将达到 4000 万千瓦。目前，国家对核电的投资快速加大，中国核电发展的黄金时期到来了。因此，中国的核能技术发展前景十分诱人。

田湾核电站

核能利用的意义及前景展望

一、核能的优点

能源不仅是生产过程的原动力，而且是人类日常生活不可缺少的条件，能源对社会经济发展及提高生活质量是至关重要的。下面，我们将主要从四个方面来谈一下核能的优越性。

第一，核能是地球上储量最丰富的能源，又是高度浓集的能源。1 吨金属铀裂变所产生的能量，相当于 270 万吨标准煤。按照地球上有机燃料的储量和人类耗能的情况来估算，地球上煤的储量大概两百多年即将耗尽，石油则只够用约四十年。摆在人类面前的问题就是如何解决后续能源。已探明地球上的核裂变燃料，即铀矿和钍矿资源，按照其所含能量计算，相当于有机燃料的 20 倍，只要及时开发利用，就有能力替代后续有机燃料。另外，地球上还存在大量的聚变核燃料氘，能通过聚变反应产生核能。1 吨氘聚变产生的能量相当于 1100 万吨标准煤。氘广泛存在于水中，若利用氘－氚反应，则 1L 水中氘的聚变能就相当于 300L 汽油的能量。在海洋仅 3m 厚水层中所含氘的聚变能就足以满足人类 5 千万年以上的能源需要。可想而知，核聚变反庆堆完全能够解决困扰人类的能源问题。

第二，核能是清洁的能源，有利于保护环境。目前世界上大量燃烧有机燃料的后果是相当严重的。燃烧后排出大量的二氧化硫、二氧化碳、氧化亚氮等气体，不仅直接危害人体健康和农作物生长，还导致酸雨和大气层的"温室效应"，破坏生态平衡。相比而言，核能就是一种相当清洁的能源。核电站严格按照国际上公认的安全规范和卫生规范设计，对放射性三废，原则上是回收处理贮存，不往环境排放。排往环境的只是处理回收后残余的一点废水废气，数量甚微。核电站运行经验证明，它每发 10^8 Mw·h 电，放射性排放总剂量约 1.2μSv，而烧煤电站的灰渣中，也有放射性物质，其总剂量是每发 10^8MW·h 电约为 3.5μSv。由此可见，即使仅从放射性排放角度看，核电也比火电小。国家环保局等对秦山核电站和上海地区航空放射性监测和综合调查表明，周围的环境基本上没有受到秦山核电站的影响。

第三，核电的经济性优于火电。电厂每千瓦时电的成本是由建造折旧费、燃料费和运行费这三部分组成。其主要成本是建造折旧费和燃料费。核电厂由于特别考究安全和质量，建造费高于火电厂，一般要高出 30%～50%。但核电站的使用寿期为 40 年，煤电站使用寿期为 25 年，所以二者的折旧费差不多。而燃料费则比火电厂低得多，火电厂的燃料费约占发电成本的 40%～60%，而核电厂的燃料费则只占 20%～30%。国外和我国台湾省的经验证明，总的算起来，核电厂的发电成本要比火电厂低 15%～30%。我国台湾省核电站的发电成本为烧油电站发电成本的1/2。

第四，以核燃料代替煤和石油，有利于资源的合理利用。煤和石油都是化学工业和纺织工业的宝贵原料，能以它们创造出多种产品。煤和石油在地球上的蕴藏量是很有限的，并且作为燃料，它们的价值远远没有作为原燃服的价值高。所以，从合理利用资源的角度来说，也应逐步以核燃料代替有机燃料。

总之，核能的优点终将为人们所确认。它的利用是解决能源问题的必由之路。

二、中国核电发展的概况

中国政府是十分重视核能发电的。早在 1955 年中央制定原子能发展计划 12 年大纲中就提出："用原子能发电是动力发展的新纪元，是有远大前途的。……在有条件下应用原子能发电，组成综合动力系统。"1974 年周恩来总理批准了 300MW 压水堆核电站方案，并将其作为科技开发项目，列入了国家计划。这就是秦山核电站的由来。秦山 300MW 核电站——这座中国第一座自行设计自主建设的核电站，经过成功的研究、设计后，于 1985 年 3 月 20 日正式开工，1991 年 12 月 15 日并网发电，从此结束了中国大陆无核电的历史，实现了中国在核电技术上的重大突破。从法国成套进口的广东大亚湾两台

900Mw 的核电机组，也分别于 1994 年 2 月和 5 月并网发电。这两个核电站的建成投产，为中国核电发展奠定了良好的基础。

在党中央和国务院的重视和关怀下，中国政府决定在"九五"期间建设八套核电机组，其中有：

第一，自行设计建造的秦山核电站二期工程。两台 600MW 级压水堆核电机组，已于 1996 年 6 月正式开工，2002 年第一台建成发电。

第二，广东岭澳核电站。与法国合作建设两台 900MW 级压水堆核电机组，已于 1997 年 5 月正式开工建设，2003 年建成第一台机组发电。

第三，秦山三期核电站。与加拿大合作建设两台重水堆 700MW 级机组，2003 年第一台机组发电。

第四，江苏田湾核电站。与俄罗斯合作建设两台 1000Mw 级压水堆核电机组，1999 年 10 月 20 日浇灌第一罐混凝土，标志着该核电站正式开工。2004 年第一台机组发电。

这八套机组，连同已建成发电的三套机组一起，使中国核电装机容量达到约 9000Mw。到 2010 年，中国核电装机容量达 20000Mw，并在"九五"到"十五"期间解决大型（单机 1000MW 以上）核电站的国产化问题，即实现："自主设计，国产设备，自行建造，自主运行管理"，为今后更大的发展创造条件。

核能也可以用于供热，清华大学已研制成一座 5000kw 的低温供热堆，并正在设计建造 200MW 的低温供热堆和 10MW 的高温供热堆。

当前，中国已投入运行和正在建造的核电站主要采用压水堆，也有两套重水堆，它们都是热中子反应堆。预计 21 世纪前 50 年，热中子反应堆仍将继续建造，并改进其安全、功能和经济效益，着重研制具有"固有安全性"，能抗严重事故，无需厂外应急的反应堆，并将核电机组寿命由目前的 40 年延长到 50～60 年。核电机组单机功率可以为 300MW、600MW 和 1000MW，乃至 1000MW 以上，以发展 1000MW 和 1000MW 以上的机组为主，实现国产化。

快堆的优点也为中国领导人和专家所共识。为了给核电站的第二步发展创造条件，863 高科技规划决定，把研究、设计、建造一座热功率 65MW，电功率 25Mw 的快堆试验性电站作为重点高科技项目列入，计划在 21 世纪初建成。之后，将陆续研制示范性快堆和经济实用的快堆电站，以期在 2030 年前后达到当时世界先进水平。

与此同时，863 规划还决定研究、设计、建造二座热功率为 10MW 的高温气冷堆。这是一种先进的热中子堆型，其冷却堆芯的氦气温度可达 800 ~ 1000℃。除了能高效发电外，这种高温冷气堆还可用于炼钢、煤的气化、氢气生产等，但其技术难度也高，一些关于高温工艺和氦密封技术的问题还没有得到解决。

可控聚变堆的研究已在核工业西南物理研究院和中国科学院合肥物理研究所同时进行了多年，已取得研制成功"环流一号" HL—lM 和 HT—7 两座托卡马克装置等令人瞩目的成果，正在成都建设 HL—2 号更先进的托卡马克装置，并扩大国际合作，以期能与国际上的研究接轨，同步进行。

总之，中国核能开发的前景是光明的，道路是曲折的，因为它终究是一个长期的大系统工程，既要解决为国民经济服务的大量工程技术问题，又要为下一步发展进行系统的预研工作，还需深入进行一系列基础研究，牵涉到的学科范围也十分广泛。因此，必须远近结合，高瞻远瞩，全面考虑，统筹安排，认真落实。我们相信，在国家的统一规划和扶植下，在人民群众的积极支持下，中国核能的开发利用，必将取得丰硕成果。

三、世界核电走过的历程

20 世纪 50 年代，只有美国、英国、前苏联、法国 4 个国家建成核电站，而且当时核电处于试验阶段，核电站的单堆功率小、堆型多、经济性差。到 1960 年全世界核电站装机容量只有 859MW。20 世纪 60 年代，是示范阶段，经过筛选比较，堆型比较集中，核电站的单堆功率迅速扩大，经济性不断改善。到 1970 年，世界核电站装机容量占各种电站总装机容量的 1.7%，核能约占世界一次能源总消耗的 0.45%。核电的发展在 20 世纪 70 年代进入高潮期，核电站进入了商用推广阶段，堆型越来越集中在压水堆和沸水堆，单堆电功率大多在 1000Mw 左右，并且核电站的发电成本已明显低于火电。

从 1951 年第一次实现用核反应堆试验性发电后，仅仅经过了 20 多年，核能的发展就走过了试验、示范和商业推广的道路，在 20 世纪 70 年代中期就进入了核电发展史中的第一个高潮。1975 年全世界核电站装机容量达到 75841MW。这个高潮的出现的原因可归结为三个方面：一是核电技术迅速成熟，单堆的装机容量达到 1000MW 左右的规模，核电站的负荷因子达到 70% 左右。也就是说，核电站只花了 20 年就达到了火电站用近百年时间才达到的水平；二是核电站的经济性迅速改善。核电站的基建成本虽然比火电站高，但使用寿期较长，且燃料费用远低于火电站，因此到了 20 世纪 70 年代核电成本已明显低于火电；三是核电站不放出二氧化硫、二氧化碳等污染环境的气体，其安全性好。所以，人们对核电的发展充满了信心。

20 世纪 70 年代中期以后，由于经济危机，能源需求的增长缓慢，又加上当时石油价格下跌，使核能的发展受到了一定的影响。特别是由于美国三里岛和前苏联切尔诺贝利两次事故使一些人对核能失去信心和产生忧虑，反核势力抬头，使得核能的发展进入了低潮，从而使核电站的装机容量增长速度受到了影响。尽管由于当时已经建造的核电站陆续投产，使核电站的装机容量的增长速度仍高于水力发电和火力发电，但核电站的增长速度远低于预计的发展速度。仍坚持以发展核电为主的方针的法、日、韩等国，在核电发展方面取得了卓越的成效。

近些年来，经过分析论证，世界人民对核安全的信心日益增强，发展核电的呼声又趋高涨。三里岛和切尔诺贝利两次核事故引起了人们对核反应堆安全的高度重视，对反应堆的安全性进行了很大改进，有识之士仍认为核能是安全、清洁的能源。由于 20 世纪 90 年代以来煤、石油、天然气燃烧释放的二氧化碳产生的酸雨和温室效应日益严重，使越来越多的人认识到必须限制化石燃料的使用。所以，世界各国又倾向于发展核电。21 世纪核电将再次进入竞相发展的时期。

从下表我们可以看到 1997 年和 1998 年世界各国的核发电情况。

1997 年、1998 年世界各国核发电情况比较

国家或地区	1997 年				1998 年			
	机组数	总功率/MW	总发电量/MW·h	容量因子	机组数	总功率/MW	总发电量/MW·h	容量因子
阿根廷	2	1 005	7 960 599	90.94	2	1 005	7 452 848	83.82
亚美尼亚	1	408	1 600 868	44.77	1	408	1 589 539	44.47

国家或地区	1997 年				1998 年			
	机组数	总功率/MW	总发电量/MW·h	容量因子	机组数	总功率/MW	总发电量/MW·h	容量因子
比利时	7	5 995	47 409 159	89.86	7	5 995	46 148 849	88.92
巴西	1	657	3 161 439	54.93	1	657	3 264 960	56.73
英国	29	15 272	98 740 415	70.30	29	15 272	99 459 659	70.35
保加利亚	6	3 760	17 090 746	51.04	6	3 760	17 125.303	53.58
加拿大	21	15 795	84 477 424	60.65	21	15 795	72 751 676	50.32
中国①	8	7 112	48 673 630	78.54	8	7 112	49 884 569	80.42
捷克					4	1 760	13 177 728	
芬兰	4	2 625	20 893 585	94.26	4	2 760	21 852 201	91.83
法国	56	60 674	386 135 885	71.71	56	60 674	385 988 363	72.55
德国	20	23 496	170 381 564	82.94	20	23 496	161 754 211	79.18
匈牙利	4	1 840	13 967 980	86.66	4	1 840	13 949 331	86.54
印度	10	2 270	10 132 493	50.45	10	2 270	11 482 197	57.52
日本	53	45 248	317 843 607	81.67	53	45 248	326 935 958	82.60
立陶宛	2	3 000	12 223 894	46.51	2	3 000	13 553 947	51.58
墨西哥	2	1 350	10 456 830	88.42	2	1 350	9 535 302	80.63
荷兰	2	539	2 416 710	69.76	1	480	3 813 740	90.53
巴基斯坦	1	137	449 440	37.45	1	137	392 750	32.73
罗马尼亚	1	706	5 400 226	87.32	1	706	5 307 181	85.81
俄罗斯	29	21 266	108 062 300	55.64	29	21 266	103 661 700	54.11
斯洛伐克	4	1 760	10 806 904	70.09	4	1 760	10 347 211	67.11
斯洛文尼亚	1	664	5 019 438	86.29	1	664	5 018 650	86.28
南非	2	1 930	13 258 839	78.42	2	1 930	14 252 131	84.30
韩国	12	10 315	76 526 935	88.19	14	12 015	87 269 696	90.18
西班牙	9	7 580	55 306 564	81.71	9	7 625	59 132 743	88.74
瑞典	12	10 445	69 928 352	75.53	12	10 445	73 542 010	78.25
瑞士	5	3 229	25 262 135	89.04	5	3 229	25 696 450	90.77

国家或地区	1997 年				1998 年			
	机组数	总功率/MW	总发电量/MW·h	容量因子	机组数	总功率/MW	总发电量/MW·h	容量因子
乌克兰	14	12 880	79 186 745	70.30	14	12 880	74 239 447	66.33
美国	109	106 775	658 682 172	69.90	107	106 005	705 576 244	75.89
总计	427	368 733	2 361 459 191		430	371 544	2 424 156 593	
平均/机组		864	5 530 349	72.16		864	5 637 573	73.67

①包括中国台湾省。

核电机组的运行实绩在一些国家有了明显的改善。1998 年核电机组容量因子居世界第一位的是韩国电力公司（Kepco）的古里 4 号机组，如按该机组汽轮机的额定功率 967Mw 计算，其容量因子为 105.3%，按反应堆额定功率计算，其容量因子为 103%。1997 年进入世界核电机组容量因子前 50 名的指标是其容量因子为 91%，而到 1998 年则必须超过 92.8% 才能列入前 50 名，全世界核电机组平均容量因子约上升了 1.5%，其平均容量因子约为 73.7%。另外，1998 年总发电量比 1997 年约增加了 $63 \times 10^5 \text{MW/h}$。

全世界核电站已积累运行经验有 8000 多堆/年，相当于每台核电机组平均运行 20 年。目前有 15 座切尔诺贝利石墨堆型核电机组，它们已各自平均运行约 17 年。尽管有些可能会提前关闭，但有些这类机组还会继续运行到 30 年的设计寿期。今后不会再建造这种类型的核电机组了。在已有的经验和科研成果的基础上设计的新一代核电站反应堆，在安全性和经济性上进行了一系列改进，特别是增强了抗御严重事故的能力。例如，美国和欧洲各国的技术要求规定，新的核电站在 10 万运行堆/年内不应出现超过一次的严重堆芯损坏事故，在每年 100 万乃至 1000 万运行堆中不应出现超过一次的放射性大量向环境释放事故。江苏田湾核电站抗御严重事故的能力，就是以这个要求为目标进行设计的。

四、核能的前景

随着科学技术的突飞猛进，当代世界社会经济的发展日新月异，21 世纪将是一个社会经济以更高速度发展和变化的新世纪。这将需要有更多的能源，而且从人类社会的可持续发展来说，解决"可持续能源"问题迫在眉睫。

能源在促进经济增长和改善人类生活质量方面起到了并将继续起着主要作用。预计在未来几十年内，全球能源需求的大量增长将主要来自发展中国家，因为目前约占世界人口 3/4 的发展中国家，其能源消费量仅为全球总能源的 1/4。比如，加拿大人均能源消耗量接近 8 吨石油当量，比巴西高 8 倍，比坦桑尼亚高 15 倍，比孟加拉国高 15 倍。而且预测表明，21 世纪发展中国家和地区人口将双倍增长。目前世界人口的一半居住在能源消费密集的城市地区，随着一些地区城市化程度的提高，将有可能增加到 80%。到 21 世界中叶，能源需求增长范围可从低经济增长情况的约 50% 到高经济增长情况的 250% 以上。

那么，能源怎样才能适应人类的需求，用何种能源作为后续能源呢？这是人们所关注的。

五、核能的潜力

目前，全球电力的 17% 是由 32 个国家中的约 440 座核反应堆产生的，还有 36 台核电机组正在 14 个国家中建造。核能占全球一次能源供应的 6%。第一座商用核电站在 40 年前就开始了运行，20 世纪 70 年代至 80 年代初期核电得到了迅速的发展。从发电总量来说，美国、法国、日本、德国、俄罗斯是五个最大的核发电国家；在全球范围有 19 个国家的核电比例超过了 20%。从地区范围来看，西欧的核电比例最高，1996 年已达到 33%。其中，法国的核电占其国内总电力的 77%，比利时占 57%，瑞典占 52%，立陶宛的两台大型核电机组几乎提供其全国总电力需求的 85%。在发展中国家，土耳其在过去的 25 年中发电容量从约 2200Mw 增加到 21000MW，增加了近 10 倍。预计从 1995 年到 2015 年全球电力需求将可能增加 75%，这相当于要建 1500 台新的 1000MW 机组。

在欧洲大部分地区和北美洲，核电已经有些停滞不前，而在亚洲的一些国家核电将仍然是电力的一种有力的选择。因为核电的经济性和环保上给人类带来的好处，其生产设施的寿期可望超过 50 年，有力的保障能源的供给等，将决定了核能在未来可持续能源的长期作用。

六、全球核安全文化，核电成为人类共同事业

当今世界人们对核安全十分重视，形成了具有约束力的国际协定、实施规范、非约束性的安全标准与导则，还有国际评审、咨询服务等，所有这些被称为"全球核安全文化"。世界上已有 126 个国家加入了国际原子能机构。

1996 年 10 月《核安全公约》生效，1999 年 4 月召开的缔约国首次会议上审议有关民用核动力运行的国家安全报告，对包括《补充筹资公约》在内的核损害责任国际制度的修定和新的《乏燃料管理安全和放射性废物管理安全联合公约》的建立。至今具有约束力的国际协定有：1963 年订的核损害民事责任公约，此公约在 1997 年进行了修订；1980 年订的核材料实物保护公约；1986 年订的核事故及早通报公约；1986 年订的核事故或放射紧急情况援助公约；1996 年订的核安全公约；1997 年订的乏燃料管理安全和放射性废物管理公约。这说明在核安全事务方面约束各国的法律在不断增强。

此外，世界核运营者协会（WANO）与众多国家和地区核安全有关组织所开展的活动，通过国家的监管机构对核安全的审查和监督，使核工业界的安全保障不断完善，安全文化不断提高。国际原子能机构（IAEA）已经开发起并不断开展范围广泛的核安全服务，可应各国政府邀请，派遣国际专家对核安全问题进行审评并提出建议。

当今通信事业的发展给人类互通信息建立了高速而又简便的纽带。如果你感兴趣的话，你可以用你的个人计算机通过国际互联网，从网上得到很多在书本上找不到的有关核工业（包括核电）的多方面信息和知识。

七、安全概念新设计的成功为子孙后代造福

虽然核电厂是按照高的安全标准设计和建造的，但是核电厂运行的 40 多年中已发生过两起严重的事故，这就是人们所熟知的 1979 年美国三里岛（TMI）事故和 1986 年发生在前苏联的切尔诺贝利事故。这两起事故给了人们很多启示。切尔诺贝利事故证明了石墨反应堆设计有严重缺点。而最重要的是，与切尔诺贝利事故相比，三里岛事故的后果和影响很小，这证实了三重

防护屏障的反应堆安全概念的重要性。切尔诺贝利反应堆设计的缺点之一是缺少了一个安全壳屏障才导致严重的环境后果，使约6%的堆芯放射性成分被释放到环境，其中放射性碘和铯对人体健康影响极大，造成人员伤亡的悲剧。三里岛核电站由于有了安全壳，事故造成严重的堆芯损坏，经济损失很大，但对环境影响不大。

科研工作者们并不满足具有三重防护屏障和现有的反应堆安全系统、安全设施等所带来的安全感，因此引入了创新性的安全概念的全新设计。这个新概念包括基于自然对流冷却剂流动的非能动安全性，使安全性更少地依赖于泵、阀等能动部件和人工操作，以及使反应堆具有固有安全性等特点。因此，核能会成为越来越安全的能源，其发展拥有无限光明的前途，它将为全人类、为子孙后代造福。